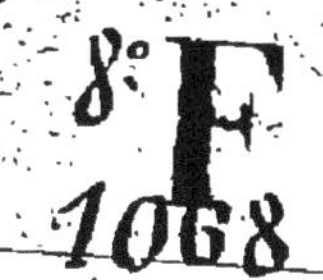

USAGES LOCAUX

SUIVIS D'UN MÉMENTO

à l'usage des Juges de Paix considérés comme juges de simple police

ET DE DIVERSES NOTES

PAR

L. SERVANT

Licencié en Droit,

Juge de paix du canton de Mazières (2-Sèvres).

PARTHENAY

LIBRAIRIE DE L. COQUEMARD, ÉDITEUR

23, Grande-Rue, 23.

1877

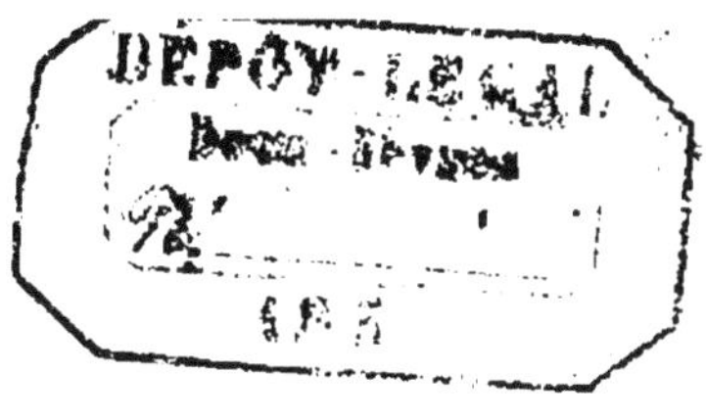

USAGES LOCAUX

PARTHENAY. — IMP. BOURSON.

USAGES
LOCAUX

SUIVIS D'UN MÉMENTO

à l'usage des Juges de Paix considérés comme juges de simple police

ET DE DIVERSES NOTES

PAR

L. SERVANT

Licencié en Droit

Juge de paix du canton de Mazières (2-Sèvres).

PARTHENAY

LIBRAIRIE DE L. COQUEMARD, ÉDITEUR

23, Grande-Rue, 23.

1877

AVANT-PROPOS

Le Résumé qui suit n'était qu'un travail organisé pour mon utilité personnelle : quelques amis m'ont conseillé de le publier.

Si cette publication peut être également utile aux Maires, aux Juges de paix de début des cantons de Gâtine, et aux justiciables de ces localités, ne serait-ce que dans une faible mesure, je serai plus que payé de ma peine.

L. S.

USAGES LOCAUX

« L'Usage, c'est tout ce qui se pratique d'ordinaire dans un pays, par rapport aux différentes affaires qui se traitent parmi les hommes. »

(Président Bouhier).

Bien que la loi ait de nos jours la prééminence sur l'usage, il est essentiel de le connaître, pour le corriger par la loi, et tout ramener autant que possible, à une législation uniforme.

AJONCS. — Sont considérés comme bois ; on les coupe à l'âge de 5 ou 6 ans, avant la fin de mai, pour le service des fours. Quand on veut labourer le champ, on en enlève les ajoncs ou on les couche sur le lieu.

ASSOLEMENT. — L'Assolement est la division des terres labourables d'un domaine en diverses parties ou soles destinées à porter successivement des cultures différentes.

L'Assolement est triennal dans le Bocage, généralement. Ses récoltes doivent se succéder dans l'ordre suivant : froment, seigle et avoine ou orge ; froment, orge, baillarge et garobe ou autres plantes fourragères. Le fermier ne doit jamais cultiver de céréales ou du colza ou autres plantes oléagineuses de même espèce, deux années de suite, sur la même terre.

Le fermier peut retoubler froment sur froment, il ne peut retoubler seigle sur seigle, ni avoine sur avoine. Il peut à un froment faire succéder immédiatement un seigle et réciproquement. Il peut aussi faire succéder une avoine à un seigle ou à un froment, et une baillarge à un froment. Il peut semer sans fumure l'avoine qu'il place sur un premier blé ; enfin, il a le droit de faire des choux, des pommes de terre, du sarrazin, des navets, du mil et du maïs, dans les genêts destinés à l'ensemencement en blé.

Les prairies artificielles ne peuvent être rompues ou labourées pour être ensemencées en blé que la seconde ou la troisième année de leur existence.

BESTIAUX ou CHEPTEL. — Dans le canton de Mazières, les bestiaux appartiennent aux fermiers qui doit placer sur la ferme une quantité de bétail en rapport avec son étendue, avec les ressources de fourrages que l'on y trouve ; enfin, avec les travaux que nécessite sa culture.

Le cheptel appartient rarement au propriétaire. Dans le cas de colonage partiaire, les bestiaux nécessaires à l'exploitation, sont ordinairement fournis par moitié entre le propriétaire et le colon.

CHAMPS. — On les laboure ; quelquefois en mars ou avril on sème avec ou sans fumier, pommes de terre ou sarrazin. Après la Saint-Michel, on fume et on sème les grands blés ou seigle. La seconde année, on retourne sans fumer, avoine, froment ou baillarge, c'est ce qu'on appelle dans le pays *Couneuvre.*

On laisse, ensuite, reposer la terre plus ou moins de temps, suivant la qualité du sol.

On ne fait point seigle sur seigle, ni avoine sur avoine. La partie du seigle qu'on scie à environ un demi-mètre du sol s'appelle *chaume*, *gleux* ou *buaille.*

CONGÉS. — La loi par ses articles 1774, 1775 et 1776 pose pour les biens ruraux cette règle raisonnable que dans le cas de baux sans écrit, c'est-à-dire dans le silence des parties sur la durée, cette durée sera de plein droït de tout le temps nécessaire pour faire la récolte entière des fonds affermés. Ainsi, quand une borderie de compose d'une maison et d'un jardin seulement, elle est considérée n'être affermée que pour un an, toujours en donnant *congé*. Dans le cas où cette borderie comprendrait deux assolements (deux terres qui doivent être ensemencées l'une après l'autre) le bail sera de deux ans. S'il y avait trois assolements le bail serait de trois ans, etc. Un fermier qui n'a que deux assolements et dont le dernier se trouve ensemencé en grand blé (froment ou seigle) a le droit, dans le cas où il sort au bout de ses deux ans, de se faire indemniser par le propriétaire ou le fermier entrant, du fumier qu'il a mis dans le grand blé.

Les congés doivent être pour le canton de Mazières d'un an pour les fermes, borderies, usines, et de trois mois pour les maisons avec jardin. Il est d'usage dans ce canton que le remaniement de la couverture soit aux frais du preneur une fois au moins dans le courant du bail, le fermier ne paie que la main d'œuvre. Le fermier sortant a le droit de faire consommer le tiers du fourrage. Dans l'année de sa sortie, il vient récolter les grands blés et laisse à l'entrant les petits.

CAS OU L'ON EST DISPENSÉ ET NON DISPENSÉ DE DONNER CONGÉ. — Quand il y a bail authentique ou bail sous signature privée, dans l'un et l'autre cas il est inutile de donner congé (art. 1737 du Code civil).

Si le bail est verbal, ce bail même fait sans écrit, cesse de plein droit quand il s'agit de biens ruraux à l'expiration du temps indiqué par l'art. 1775 du Code civil, suivant la nature des immeubles, ce qui n'empêcherait pas de faire une sommation de sortir à l'expiration du bail pour empêcher la *tacite reconduction*, c'est-à-dire la continuation du bail pour le même laps de temps et dans les mêmes conditions.

Mais il en est autrement du bail de maison verbal, car il importe beaucoup plus à un locataire d'être mis, lui et sa famille, à l'abri des injures de l'air, que d'être privé de la jouissance d'un pré, d'un jardin, d'une vigne ou terres labourables. Le congé est indispensable dans ce dernier cas.

Mais que doit-on décider à l'égard d'un bail mixte, c'est-à-dire qui comprend des bâtiments et des terres?... Quelques jurisconsultes et des tribunaux ont décidé qu'il fallait appliquer l'art. 1775 du Code civil, par suite que le congé était inutile, se fondant sur ce que tous les immeubles, bâtiments ou terres, doivent être réputés biens ruraux par cela même qu'ils sont situés à la campagne ; que dans une métairie les bâtiments ne sont que l'accessoire parce que les dépendances sont toujours d'une valeur bien supérieure. Ils conviennent néanmoins que le congé devrait être notifié, si les bâtiments valaient plus que les terres y annexées.

On peut objecter que d'après plusieurs dispositions du Code lorsqu'une chose se compose de plusieurs éléments, la partie principale n'est pas toujours celle qui a le plus de valeur. L'essentiel pour tout individu est d'abord d'avoir un logement. On peut d'ailleurs se demander si les maisons et autres bâtiments situés à la campagne sont des biens ruraux dans le vrai sens du mot. Le mot rural vient de *rus*, *ruris*, champ. L'art. 687 du Code civil qualifie d'*urbaines*, d'un autre côté, les servitudes établies pour l'usage des bâtiments, qu'ils soient situés à la ville ou à la campagne et *rurales* seulement celles établies pour les fonds de terre.

Ce qu'il y a de plus décisif c'est de rechercher l'intention du législateur, or, si le législateur a voulu qu'un petit locataire payant un loyer verbal de vingt francs, par exemple, ne put être expulsé sans congé, à plus forte raison, ceci doit-il s'appliquer à un fermier imprévoyant qui a une nombreuse famille, des domestiques, plusieurs pièces de bétail et tout un mobilier ?... « *ubi eadem ratio ibi et idem jus.* »

COUNEUVRE. — On entend par couneuvre les récoltes faites sans fumier. Celui qui fait des guérets à moitié, a le droit d'en faire après les grands blés. Les pommes de terre et le blé noir qui se font ordinairement avant les grands blés, ne sont point réputés couneuvres et n'ôtent pas au laboureur le droit de faire de l'avoine après le blé. Le fermier sortant n'a pas le droit d'en faire l'année de sa sortie et encore moins l'année suivante.

COUCHIS. — Cette opération consiste à arracher les ajoncs, à les coucher et à les faire brûler sur les lieux ; ensuite on laboure et on sème grand blé. L'ouvrier a ordinairement la moitié du produit, mais il n'a point droit au couneuvre.

COURSOIRS. — Il arrive quelquefois dans les villes, bourgs et villages que les cours soient remplacées par des places ou emplacements laissés pour les usages respectifs des co-propriétaires.

Ces emplacements qu'on nomme communs,

patus, quaireux, ruages ne différent des cours qu'en ce que celles-ci sont toujours entourées de bâtiments ou de murailles, tandis que celles-là sont ouvertes de quelques-uns de leurs côtés, de tous même quelquefois.

Une coursoire commune à deux ou trois propriétaires ayant chacun leur habitation sur son sol, l'un d'eux ne peut y bâtir pour louer à un troisième ou à un quatrième habitant, attendu que la portion des premiers propriétaires se trouverait diminué d'un tiers ou d'un quart.

Chaque intéressé a droit de se servir pour tous ses besoins et ses agréments même de la totalité de la cour, mais de manière à ne pas nuire à la jouissance de ses co-propriétaires. Il est permis à ceux qui ont des bâtiments sur la cour ou l'emplacement commun, d'y ouvrir des portes, fenêtres, d'en faire un plus grand nombre, ou d'en augmenter les dimensions à moins de convention contraire. Mais il n'est pas loisible à aucun des co-propriétaires d'une cour ou d'un emplacement commun, d'y faire des constructions, ni aucun ouvrage en saillie, quoique ne portant pas sur le terrain commun, par exemple : une galerie, un balcon, une terrasse extérieure au 1er étage. Les portes et fenêtres devraient battre même en dedans et non en dehors, au moins au rez-de-chaussée et au 1er étage, sauf droit contraire acquis par titre ou par prescription.

Aucun des propriétaires n'a le droit de changer la forme de la cour ou de la place commune, ni d'y rien déranger sans le consentement des autres intéressés ; ainsi l'écoulement des eaux qui tombent sur le terrain commun, ne peut recevoir sans le consentement de toutes parties une autre direction que celle déjà établie. Mais si des travaux faits par l'un des co-propriétaires, sans contradiction de la part de l'autre, ne nuisent pas à l'usage de l'objet commun, la destruction ne doit pas en être ordonnée.

L'un des co-propriétaires de l'emplacement commun, ne peut y déposer à demeure, aucune pile de bois, aucun amas de pierres, fumiers, pailles et autres objets qui gêneraient le passage ou la vue, y faire aucun travail de culture, ni y faucher l'herbe en tout ou en partie.

Sauf stipulation contraire, les puits, hangars, fosses d'aisances et autres constructions qui font partie de la cour, sont à l'usage de tous les intéressés. Les réparations sont faites à frais commun et en proportion de ce que chacun possède dans les bâtiments contigus pour le pavé de la cour, les murs de clôture de la porte ou portail d'entrée, des puits, fosses d'aisances, hangars, puisards, etc.

Aucun des co-propriétaires ne peut mettre de son autorité privée des ouvriers à l'œuvre, il doit appeler ses co-intéressés ; et s'ils refusent après sommation préalable, se faire contradictoirement autoriser par justice.

La règle que nul n'est tenu de rester dans l'indivision (C. civil, art. 815) souffre forcément exception lorsqu'il s'agit d'une cour commune qui ne serait pas susceptible d'être partagée (V. servitude d'indivision).

Une cour commune est assimilée à la voie publique, en ce qui concerne l'action que la police a droit d'y exercer. A l'égard notamment de la propreté et du balayage, les réglements ou arrêtés légalement pris doivent être exécutés sous les peines portées art. 471, n° 15, C. pénal.

Les actions relatives aux cours communes sont ou possessoires ou pétitoires et doivent être portées devant les tribunaux ordinaires.

CUL-DE-SAC. — La possession qu'un individu y prend ne peut être que précaire.

Les impasses ou culs-de-sacs des villes, bourgs et villages, font partie, comme les rues et places, du domaine municipal.

DE LA DISTANCE ET DES OUVRAGES INTERMÉDIAIRES REQUIS POUR CERTAINES CONSTRUCTIONS. — La coutume de Paris sert de règle dans la plupart des localités.

COUTUME, TITRE IX. — DES SERVITUDES.

ART. 188. — Qui fait étable contre un mur mitoyen, doit faire contre-mur de huit pouces d'épaisseur de hauteur jusqu'au rez de la mangeoire.

ART. 189. — Qui fait cheminées, âtres, contre le mur mitoyen, doit faire contre-mur de thuilots ou autre chose suffisante de demi-pied d'épaisseur.

ART. 190. — Qui veut faire forge, four, fourneau, contre le mur mitoyen doit laisser demi-pied de vide et intervalle entre deux du mur, du four ou forge ; et doit être le dit mur d'un pied d'épaisseur.

ART. 191. — Qui veut faire aisances de privés ou puits contre un mur mitoyen doit faire contre-mur d'un pied d'épaisseur et où il y a de chaque côté puits d'un côté et aisances de l'autre, suffit qu'il y ait quatre pieds de maçonnerie d'épaisseur entre deux comprenant les épaisseurs des murs, d'une part et d'autre, mais entre deux puits suffisent trois pieds pour le moins.

ART. 192. — Celui qui a place, jardin ou autre, lieu vide qui joint immédiatement au mur d'autrui ou au mur mitoyen et veut faire labourer et fumer est tenu de faire contre-mur de demi-pied d'épaisseur ; et s'il a terres jectisses est tenu faire contre-mur d'un pied d'épaisseur.

Dans l'arrondissement de Parthenay, l'usage prescrit pour l'établissement des choses citées art. 674 du Code civil de faire un contre-mur de l'épaisseur de trente-trois centimètres. Si l'on ne construit pas de mur, les fumiers se déposent à un mètre de l'héritage d'autrui. En un mot, tout ceci se réduit au principe de l'art. 1382 du Code civil.

DOMESTIQUES. — Dans les cantons de Gâtine, en général, les domestiques se gagent pour trois mois, du 24 juin au 29 septembre (c'est ce qu'on appelle le service d'été); et pour neuf mois, depuis le 29 septembre jusqu'au 24 juin (c'est ce qu'on nomme service d'hiver).

Ces deux services rapportent à peu près autant à la campagne. A moins qu'il n'y ait de part et d'autre des motifs graves et légitimes, le domestique ne peut quitter son maître et ce dernier ne peut le renvoyer, la convention faite devant conserver son plein et entier effet, et ce qui vient confirmer cet usage, c'est qu'on a coutume de convenir d'un gré.

On ne fait aucune différence entre les domestiques employés à la culture et ceux attachés à la personne de leurs maîtres.

Dans le canton de Frontenay, les domestiques se gagent ou pour un an, à partir du 24 juin, ou pendant trois mois depuis le 24 juin jusqu'au

29 septembre, ou depuis cette dernière époque jusqu'au 24 juin. Lorsqu'ils cessent de gré à gré leur service le 29 septembre, quoique gagés à l'année, ces trois mois leur sont comptés pour six, lorsqu'ils sont attachés à des exploitations où il n'y a pas de vignes, et pour un tiers de l'année quand des vignes sont comprises dans les exploitations.

Dans la majeure partie des cantons de Gâtine, les domestiques de l'un et l'autre sexe, employés aux travaux ruraux, sont ordinairement loués pour une année à partir du 24 juin.

Dans ce cas, si, sans motifs suffisants, ils sont congédiés dans le cours de l'année, on doit leur compter la moitié de leurs gages pour les trois mois d'été. S'ils viennent à quitter leurs maîtres, sans raison, avant le terme convenu, ils doivent les indemniser du tiers au moins de leurs gages ou des deux tiers au plus. Ces usages doivent être modifiés suivant les cas, en appliquant toujours l'art. 1382.

Jusqu'à ce jour, le domestique gagé peut avant le commencement de son service, résilier le marché en doublant les arrhes. Le maître a le même droit en abandonnant celles qu'ils a données. Dans le cas où le maître nierait avoir donné et le domestique avoir reçu des arrhes ou denier à Dieu — signe caractéristique du louage — la preuve par témoins pourrait en être faite, par l'une ou l'autre des parties, si le prix de toute la durée du bail ne dépassait pas 150 fr. On ne peut engager ses services qu'à temps ; un engagement pour la vie serait nul ; toutefois, si un tel engagement a été exécuté, les salaires doivent être payés, et ils sont fixés, non par les dispositions du contrat à vie, mais en ayant égard à la nature des services rendus et aux usages du pays.

Les gens de travail et ouvriers loués pour un travail particulier comme pour la fenaison, la moisson, la vendange, la toiture d'une maison, l'édification ou la réparation d'un mur, sont censés engagés jusqu'à la fin des travaux ; on ne peut les renvoyer et ils ne peuvent quitter avant la complète exécution de ces travaux. Ceux employés à la journée ne sont engagés que pour un jour.

Le louage des gens de travail et ouvriers à la journée prend fin à l'expiration de chaque jour, sans qu'il soit besoin de congé quelconque. L'ouvrier n'est obligé de revenir le lendemain, et le maître n'est tenu de l'occuper, qu'autant que l'un et l'autre en sont convenus la veille. Le louage des domestiques pour un temps indéterminé prend fin à la volonté de chacun des contractants ; il suffit seulement qu'il y ait congé suivant l'usage des lieux.

L'usage le plus général est de se prévenir réciproquement huit jours d'avance; le maître peut même renvoyer immédiatement le domestique, en lui payant, outre ses gages, une somme suffisante pour compenser le salaire de ces huit jours ; si le domestique quitte le maître avant de l'avoir prévenu, ce dernier a le droit de lui retenir, par réciprocité, huit jours de ses gages. Tous ces usages ne sont pas aussi sérieux en présence des progrès de l'agriculture et de l'industrie.

Lorsque le louage a eu lieu pour un temps déterminé par l'usage ou la convention, le maître et le domestique sont tenus de l'exécuter à peine de dommages et intérêts. Si c'est le maître qui renvoie le domestique, les dommages-intérêts sont égaux au salaire qui serait dû pendant le temps restant à courir ; mais ces dommages-intérêts devraient être modérés si le domestique trouvait une autre condition, ou s'il restait un temps assez long à courir ; si c'est, au contraire, le domestique qui rompt son engagement, les dommages-intérêts qu'il doit se calculent sur ce qu'il en *coûtera* de plus au maître pour prendre un autre domestique, et *sur le tort que peut avoir causé le départ subit du domestique*, jusqu'à son remplacement. C'est là le fond de toute la question.

EAUX COURANTES. — (Art. 644 du Code civil). Celui dont la propriété borde une eau courante, autre que celle qui est déclarée dépendance du domaine public, peut s'en servir à son passage pour l'irrigation de ses propriétés. Celui dont cette eau traverse l'héritage peut même en user dans l'intervalle qu'elle y parcourt, mais à charge de la rendre, à la sortie de ses fonds, à son cours ordinaire (Voir art. 645 du Code civil).

L'Administration a la surveillance des eaux ; elle poursuit par voie administrative la répression contre ceux qui enfreignent les lois sur la matière.

Les cours d'eau non navigables ni flottables, sont le domaine des particuliers, et, par suite, la propriété des riverains. Ce principe résulte de la combinaison des art. 538 et 644 du Code civil, de l'avis du Conseil d'État du 24 messidor, an XIII, de la loi du 15 avril 1839 ; il a été toutefois contesté par plusieurs auteurs ; la Cour de cassassion par une jurisprudence constante a toujours décidé que les cours d'eau non navigables ni flottables n'appartiennent à personne ; cette doctrine a reçu une nouvelle sanction par arrêt du 7 juin 1871.

Comme conséquence du droit de propriété, cité plus haut sur ces eaux, chaque riverain a la faculté de faire des barrages pour élever les eaux et les porter sur des prairies, à la condition toutefois de ne pas nuire à son voisin. Ces travaux peuvent même être poussés au-delà du lit, malgré l'opinion contraire de certains auteurs ; le texte de la loi, d'ailleurs, ne s'explique pas sur les moyens qui pourront être employés à l'effet d'utiliser l'eau pour les irrigations.

L'art. 644, en déclarant que le propriétaire riverain peut se servir des eaux, a voulu lui défendre d'en détourner le cours. Il peut se servir des eaux pour l'irrigation de ses propriétés riveraines, mais il ne peut faire profiter de ce bénéfice celles qui ne le sont pas qu'avec le consentement du co-riverain. Il ne peut céder son droit à des tiers non riverains ; cette solution est cependant contestée par plusieurs auteurs. De ce principe que le riverain peut se servir des eaux à leur passage, il y a lieu de conclure qu'il ne peut pas les retenir chez lui, ni les employer à des usages d'utilité domestique. Cependant, ce principe céderait en présence de certains droits acquis à des usines, moulins, etc. Leur existence prolongée peut être considérée comme une autorisation tacite formant un titre à l'abri de toute contestation.

Le riverain d'un seul côté a des droits moins étendus que celui dont l'eau traverse l'héritage, lequel peut appuyer, par exemple, ses barrages sur les deux rives. Le propriétaire des deux rives peut encore employer la quantité d'eau qu'il veut ; il n'est tenu de laisser aux riverains inférieurs que ce qui reste après ses usages satisfaits, à la charge de rendre les eaux à la sortie de son fonds, à leur cours naturel.

Les riverains sont recevables à exercer l'action possessoire.

Nous rapportons ici un arrêt de la cour de Montpellier du 12 janvier 1870, confirmant un jugement du tribunal de Carcassonne du 2 août 1869. « Les eaux d'un ruisseau, soit qu'elles proviennent des affluents, soit qu'elles proviennent des sources jaillissant dans le lit même de ce ruisseau, ne sont pas la propriété exclusive du propriétaire du fonds qu'il traverse. »

Le propriétaire supérieur qui a l'avantage de pouvoir se servir des eaux à leur passage, avant les propriétaires inférieurs n'a pas le droit de priver ces derniers de toutes les eaux qui traversent son héritage sous prétexte qu'elles ne suffiraient pas à l'irrigation complète de sa propriété; *s'il n'est pas tenu de rendre la même quantité d'eau, il doit en user de manière à ménager les droits des riverains inférieurs.* En cas de contestation, le tribunal a le droit de procéder à un réglement en conciliant les intérêts de l'agriculture avec le respect de la propriété.

Le décret du 30 mars 1852, sur la décentralisation administrative, confère aux préfets sur l'avis des ingénieurs, le droit de prendre des arrêtés (arrêtés de focardement), pour assurer le curage et le bon entretien des fossés non navigables ni flottables (tableau D, § 5, art. 1er), en suivant les anciens usages et réglements. La loi du 14 floréal, art. XI, s'applique aux petits cours d'eau et est basée sur ce principe que là où il y a communauté de profit, il y a communauté de charge. Le curage des fossés ne pouvait, en effet, être laissé à l'arbitraire et aucun riverain ne peut s'y soustraire ni se refuser à supporter les dépôts sur son terrain qui sont la suite des opérations de curage.

EAUX MÉNAGÈRES. — On entend par eaux ménagères, les eaux de toute nature qui sortent de l'intérieur des maisons, des cuisines, des éviers, des abattoirs, pour lesquelles il n'existe pas de servitude naturelle ni légale. Ainsi, un évier, bien qu'il s'annonce par des ouvrages apparents ne peut être acquis par prescription, si ces ouvrages apparents ne sont pas appuyés d'un titre.

Il ne faut pas, en effet, confondre la servitude d'écoulement des eaux ménagères, pour un évier, avec la servitude d'écoulement de l'égoût des toits : la première ne peut s'exercer qu'alors seulement que la main de l'homme y contribue; tandis que, pour la seconde, le toit une fois établi, opère naturellement l'écoulement de l'eau sur la propriété voisine, chaque fois qu'il pleut, sans la coopération actuelle du maître du toit ni d'aucune autre personne.

EAUX DE FUMIERS. — Les eaux de fumiers sont celles qui sortent des écuries, étables, parcs à bétail, des fosses, des tas de fumiers.

Les règles qui régissent les eaux des toits sont en partie applicables aux eaux ménagères. La dénomination de *droit d'égoût* dans un titre constitutif ne s'entend que de la servitude de l'égoût des toits seulement; elle ne s'étend pas aux eaux ménagères.

Le voisin, quelle que soit la position de son héritage, par rapport à la construction d'où découlent les eaux ménagères et les eaux de fumiers, n'est tenu de les recevoir qu'alors seulement que le propriétaire de la construction a acquis cette servitude par titre, par prescription, ou par destination du père de famille. Ces deux derniers cas exigent des ouvrages apparents, *mais sur le fonds servant.* En général, chacun peut faire dériver sur la voie publique les eaux ménagères ; mais il est défendu d'y laisser couler celles dont les exhalaisons sont insalubres. (Art. 471, n° 6, C. pénal).

Quand un propriétaire a grevé son fonds envers un fonds voisin, de l'obligation de recevoir les eaux ménagères, c'est le titre qui détermine l'étendue de la servitude. Mais s'il est dit que *toutes* les eaux d'une maison auront leur passage sur l'héritage voisin, nous pensons qu'à l'exception des eaux infectes, toutes les eaux doivent être reçues. La négative ne devrait être admise qu'autant que le volume des eaux serait tellement exagéré et causerait un tel préjudice qu'il serait impossible d'admettre qu'une pareille occurence eût pu être dans l'intention et la prévision des parties.

L'action possessoire est recevable, lorsque la

servitude des eaux ménagères et de fumiers est continue et apparente.

EAUX PLUVIALES. — Les eaux pluviales n'ont point de maître ; elles appartiennent au premier occupant. Tombées sur un héritage, elles appartiennent aussitôt au possesseur de cet héritage, qui peut en disposer à son gré, sans être tenu de les transmettre et pourvu qu'il ne cause de dommage à personne, il peut en détourner le cours, les vendre, les donner, les absorber.

Les eaux de pluie peuvent, comme toutes autres, se prescrire au profit du particulier qui les a, pendant trente ans, déversées sur son fonds, à l'aide d'ouvrages apparents et elles peuvent donner lieu à l'action possessoire.

La destination du père de famille pourrait aussi être invoquée utilement contre le droit du premier occupant.

Les eaux pluviales qui, rendues sur un terrain naturellement élevé, coulent, naturellement aussi, sur le terrain inférieur du voisin, doivent être souffertes ; c'est une servitude naturelle. Mais cette servitude cesse d'être due lorsque les eaux ont été recueillies dans des égoûts, rigoles, ou autres conduits.

La faculté de dériver l'eau qui passe au long de son fonds sur la voie publique, appartient au riverain, encore bien que, de temps immémorial, un propriétaire inférieur se serait approprié ses eaux, à l'aide de rigoles, ou de toute autre manière. Il n'en est plus ainsi comme au cas où les eaux coulent d'une propriété privée et la prescription n'est pas admise.

Les eaux pluviales sont au premier occupant et par droit de nature et par la disposition du droit civil ; encore bien que le sol de la voie publique soit la propriété de l'État ou des communes, ce sol est à usage public et ne peut être distrait de cet usage ; n'en doit-il pas être de même des eaux pluviales qui s'y répandent ? Pardessus soutient la négative en disant que l'administration pourrait faire de ces eaux l'objet d'une concession ou d'un réglement. Duranton soutient au contraire l'affirmative, qui paraît préférable par le motif indiqué ci-dessus.

Le riverain ne peut d'ailleurs prendre les eaux qu'au long de son fonds, et si ce fonds joint immédiatement la voie publique.

Le propriétaire du fonds riverain d'un chemin public et moins élevé que ce chemin, est tenu de recevoir sur son fonds toutes les eaux qui découlent du chemin ; il ne peut opposer aucun obstacle à cet écoulement. En somme, il n'y a ni obligation d'après ce qui précède de rendre les eaux pluviales aux propriétaires inférieurs, ni faculté d'admettre des tempéraments dans l'intérêt de l'agriculture, car l'art. 645 du Code civil ne s'applique pas aux eaux pluviales.

EAUX PLUVIALES, COULANT SUR UN CHEMIN PUBLIC. — Les eaux pluviales dont le cours n'est qu'accidentel, telles que celles qui coulent sur la voie publique ne sont pas susceptibles d'une possession exclusive et peuvent être prises à leur passage par les riverains quand ils le jugent à propos (Req. 21 juillet 1825), ces eaux appartiennent au premier occupant qui en dispose à son gré sans être obligé de les transmettre aux propriétaires inférieurs (Nancy, 19 décembre 1868). Par suite, le propriétaire d'un fonds supérieur a le droit de détourner sur son fonds les eaux pluviales d'un chemin dont il est riverain, lors même que le propriétaire inférieur les aurait précédemment employées à son usage. (Rennes, 10 février 1826).

Les eaux pluviales, même lorsqu'elles coulent sur la voie publique, peuvent, par l'effet des conventions, devenir entre les parties, l'objet d'une propriété privée et, par suite, d'une possession exclusive, de nature à servir de base à une action possessoire. (Req. 11 juillet 1859).

ÉBOULEMENT. — Les éboulements qui se font naturellement (de terre, sable, pierres), du terrain supérieur sur le terrain inférieur, ne donnent pas lieu à des dommages-intérêts.

L'obligation de supporter les éboulements est une véritable servitude naturelle. Mais cette obligation n'existe qu'autant que l'éboulement est purement naturel. Si, cessant de cultiver son héritage, avec les précautions nécessaires et pratiquées dans le pays, le propriétaire supérieur avait, par son fait ou par sa négligence, provoqué ou favorisé l'éboulement, il devrait réparer le préjudice, et pourrait, en outre, être condamné à faire un mur de soutènement.

ÉCOBUAGE. — Dans les mauvais terrains, on râcle et on enlève la superficie du sol, on en fait de petits monceaux auxquels on met le feu. On étend la cendre qui en provient sur le sol qu'on laboure ensuite et dans lequel on sème grand blé.

L'ouvrier a ordinairement les quatre cinquièmes du produit; mais il n'a point droit au couneuvre.

ÉPIOTS. — Appartiennent à l'entrant auquel ils sont laissés dans un tas couvert de paille, comme accessoires de la paille qui reste à la ferme.

ESTIMATION DE BESTIAUX. — Lorsque, en cas de sortie, il y a lieu à estimation du bétail de l'exploitation, cette estimation doit être faite généralement dans la huitaine qui précède la sortie.

FERMIERS. — Ont la coupe des bois de serpe une fois pendant le cours de leur bail, à la charge de la faire en âge et saison convenables sans pouvoir l'avancer ni la retarder. Doivent prendre les terres tour à tour et les diviser en trois parties, l'une ensemencée, l'autre en guéret et l'autre en pacage. Sont tenus de se monter de gros et menu bétail. Ne peuvent détourner les pailles et engrais, non plus qu'ensemencer sans fumier, sauf les seconds blés ou couneuvres.

Le fermier sortant abandonne au fermier entrant le soin de nettoyer les prés et de faire les aiguières, bien qu'il y soit tenu. Il laisse dans les prés, jusqu'à la Notre-Dame de mars, son bétail qui, par le piétinement abîme le sol.

Il soutre et engrange les foins ; laisse les gleux sur pied où il met son bétail jusqu'à la St-Michel, ce qui rend ce gleux presque sans profit pour l'entrant. Il laisse aussi les pailles de l'année, ainsi que les pailles anciennes, s'il lui en reste. Il lui est loisible de convertir ces dernières en fumier ; mais il ne peut les faire brûler sur son guéret de saison.

Il met des engrais dans les champs destinés à faire son grand blé, qu'il vient récolter l'année après sa sortie en payant l'impôt. Il ne peut semer pommes de terre avant ses grands blés sans fumer. Les regains lui appartiennent. Si le fermier sortant exploite plusieurs propriétés appartenant à divers maîtres, il met à part les foins récoltés dans les prés de chacun. A la St-Michel, les pailles se partagent proportionnellement. Les fumiers sont mis dans les champs à faire les grands blés. Le propriétaire sur lequel sont faits tous les grands blés, a droit à une indemnité de pacage. Les pailles de grands blés se partagent, ainsi que la buaille.

Celui qui fait une guérête ou des terres à moitié, comme celui qui ramasse le pourin ou la fiente des animaux pour le mettre à moitié dans le terrain d'autrui, a droit au couneuvre.

FERMIERS ENTRANTS ET SORTANTS. — L'art. 1777 du Code civil ne s'en réfère à l'usage des lieux que, 1° pour ce qui concerne les logements convenables et autres facilités que doit fournir le fermier sortant à l'entrant pour les travaux de l'année suivante ; et 2° pour ce qui concerne les logements convenables et autres facilités pour la consommation des fourrages et pour les récoltes restant à faire, que réciproquement le fermier entrant doit procurer à celui qui sort. Il n'y a donc d'usage ayant force de loi qu'à l'égard de ce qui a trait à ces objets spéciaux. Les fermiers sortants doivent en Gâtine, fumer les champs qu'ils emblavent, et en plaine les grands blés seulement. Dans la plaine, les fermiers doivent laisser à leur sortie le tiers des terres labourables en grands blés, le tiers en petits blés et l'autre tiers en chaume.

En Gâtine, il n'y a pas d'usage reconnu à ce sujet, si ce n'est que le fermier, à sa sortie, ne peut semer plus du tiers des terres labourables. Cela dépend de la division de la ferme par *soles*. Le progrès agricole a modifié tout. L'essentiel c'est de fumer.

Dans le Bocage, on n'est pas dans l'usage de faire le constat des garnitures, le plus ou le moins reste à la ferme. Il en est autrement dans la plaine où le propriétaire et le fermier se tiennent respectivement compte de la différence.

Le colon partiaire doit jouir, comme le fermier à prix certain, du mas de terre qu'on lui a donné à cultiver pendant trois ans au moins, lorsqu'il n'y a pas d'écrit. Relativement aux têtards, le fermier les ébranche à son profit, en saison convenable ; mais, en sortant, il doit laisser autant de pousses qu'il en a trouvées à son entrée, ce qui est facile à constater, les visites se faisant plus régulièrement qu'autrefois.

Les ensemencements en garobe et pommes de terre, dans la plaine, passent pour demi-guérêts. Il en est de même en Gâtine, pour le blé noir et les pommes de terre. Là, le fermier sorti ensemence les terres de l'exploitation qu'il vient de quitter, il y emploie les fumiers et engrais du lieu, et, à la saison, il vient récolter ses céréales et se les approprie ; il n'a rien à payer que les contributions ; le prix de ferme est payé au propriétaire par le fermier entré qui pourtant n'a aucun des produits des terres arables. Ceci est assez juste, car les terres destinées aux semailles de l'automne, n'ont été rendues propres à les recevoir que par le fermier sortant qui, seul, connaissait les terres susceptibles de les recevoir et celles où les genêts, ajoncs, bruyères étaient en âge d'être arrachés, fagotés, rendus ou essartés par lui, ou si, plus jeunes, ils devaient être brûlés sur les guérêts pour les fertiliser comme engrais. Du reste, il ne peut traiter ainsi que le tiers des terres qui ont coutume d'être labourées.

FEUILLES. — Appartiennent aux personnes sur qui elles tombent.

FOSSÉS. — Quand un individu fait un fossé le long du terrain de son voisin, il doit laisser 0^m 33 centimètres de sa terre dans la prévision des éboulements. Le fossé appartient toujours au propriétaire du côté duquel se trouve la jetée ou la haie. C'est ce qu'on appelle pied de sole.

Dans les communes du bocage, les fossés ont $1^m 33^c$ de largeur, $0^m 80^c$ de profondeur et $0^m 50^c$ de pied de sole.

Dans les communes de la plaine, ils sont de 1^m de largeur, $0^m 60^c$ de profondeur et $0^m 33^c$ de pied de sole.

FOUR. — Aux termes de l'art 190 de la coutume de Paris, entre la forge, le fourneau ou le four et un mur mitoyen ou non, il faut un contre-mur de $0^m 33^c$ (1 pied) d'épaisseur. Ce contre-mur, solidement bâti, doit s'étendre dans toute la longueur et la hauteur de la forge, du fourneau ou du four ; il en forme le contre-cœur.

Un espace vide, que l'on nomme tour du chat, doit être laissé, pour la circulation de l'air, entre le mur et la nouvelle construction. Cet espace doit avoir $0^m 16^c$ (6 pouces) de large ; il ne doit être fermé ni par le haut, ni par ses côtés.

Le droit de faire usage du four de son voisin ne peut s'acquérir par la prescription, quelque longue qu'elle ait pu être. C'est là une servitude discontinue qui ne peut s'établir que par titres (C. civil, art. 691).

En ce qui concerne l'usure provenant de l'action du feu, à l'égard des fours, l'usage est que le bailleur en entretienne les murs et la cheminée, ainsi que la voûte extérieure, s'il y en a une ; le locataire n'est tenu de réparer que l'aire du four et la chapelle en voûte intérieure, qui est soumise immédiatement à l'action du feu.

Quand il s'agit du chauffage à un four, le mode de jouissance de ce droit ne doit pas être de nature à empêcher le service du four ; il ne faudra pas non plus que l'on trouble le propriétaire en réclamant le chauffage pendant la nuit, si tel n'est pas l'usage des lieux.

Dans le pays de Gâtine, on s'est souvent demandé si l'on pouvait se servir des fours, non seulement pour la cuisson du pain, mais encore pour le melage des fruits, ou pour l'asséchement du chanvre ou du lin : si c'est un four commun qu'on veuille viser, nous répondrons que chacun peut s'en servir pour son utilité tout entière, à la condition de ne pas nuire aux autres. S'il s'agissait, au contraire, d'une servitude, il faudrait se conformer à la servitude.

FRUITS COMESTIBLES. — Quoique tombés appartiennent au propriétaire de l'arbre, et, entre deux fermiers, au sortant.

GENÊTS. — Ne pouvent être arrachés qu'au bout de cinq ans, si on ne fait pas labourer la pièce de terre, auquel cas on peut les arracher à trois ans. Ces usages tendent à se modifier, en présence des nouveaux modes d'assolement.

Ils sont considérés comme pacage ; on les arrache à 4 ou 5 ans, depuis le mois de novembre jusqu'à la fin de mars, époque à laquelle on sème pommes de terre. A la St-Michel, on fume et on sème grand blé. Pour arracher le genêt, un bon champ se donne à moitié, quelquefois au tiers, cela dépend de la qualité.

GLANDS. — Tombés avant la St-Michel, appartiennent au fermier sortant ; ceux qui sont pendants aux chênes appartiennent au fermier entrant.

HAIES. — Une haie vive, plantée debout, c'est-à-dire sans fossé, doit être plantée à 0^m50^c du voisin. Une demande en bornage étant donnée entre deux propriétaires, séparés par une haie et un fossé, les bornes devront être plantées à 1^m66^c (ou cinq pieds) du milieu des buissons ou du milieu du terrier, s'il n'y a pas de buissons.

Les arbres accrus sur une haie divisant les membres d'une même famille, ne subissent pas la loi des plantations ordinaires parce qu'ils sont accrus sur une propriété qui a été plus tard divisée entre héritiers d'un même auteur : c'est ce qu'on appelle Destination du père de famille. Il en est de même des maisons ayant des vues ou des servitudes que la loi n'autorise pas en temps ordinaire.

Les haies en bois sec appartiennent au propriétaire du côté duquel se trouve le lien de la reorte.

Les arbres à haute futaie ne peuvent se planter qu'à 2 mètres (ou 6 pieds) de la limite des voisins, à moins qu'il y ait plus de trente ans qu'ils soient plantés ou qu'il y ait destination du père de famille (art. 671 du C. civil).

Les arbres fruitiers ne sont pas considérés comme arbres à haute futaie, quand ils sont greffés sur place, il n'en est pas de même d'arbres tout greffés qu'on veut planter.

Celui sur la propriété duquel avancent les branches de la haie du voisin, peut contraindre ce dernier à couper ces branches. Si ce sont les racines qui avancent sur son héritage, il a le droit de les y couper lui-même.

Le voisin d'une haie vive peut contraindre le propriétaire à la tondre ou élaguer aux époques déterminées par les usages locaux et lorsqu'elle est parvenue à la hauteur que déterminent les réglements et usages.

La même obligation existe pour les haies qui longent la voie publique.

Des difficultés se sont élevées quelquefois sur la question de savoir si une haie était vive ou sèche. Y a-t-il des pieds d'aubépine blanche ou noire lors même qu'il y aurait très-peu d'arbres ou presque pas ? c'est une haie vive. Dans le cas contraire, haie sèche malgré les arbres.

En Gâtine, pays de clôture, il est douteux qu'on puisse contraindre à couper les branches des arbres accrus dans les haies. C'est une tolérance réciproque forcée.

IMPOTS. — Les propriétaires figurent toujours nominativement aux rôles des contributions directes, mais ces derniers ont toujours soin dans notre pays de mettre les impôts, par une clause du bail, à la charge des fermiers qui paient proportionnellement aux terres qu'ils ont de ferme, soit à leur maître directement soit au percepteur. Le colon ou fermier tenu de payer l'impôt le paie autant de fois qu'il fait de récoltes ; si l'année de sa jouissance il ne l'a pas payé, il le doit l'année qui suit sa sortie parce qu'il prend la récolte de cette dernière année.

INCENDIE. — Un Maire peut prendre par précaution les mesures suivantes : 1° Ordonner que les eaux de la fontaine de la commune suivront leur cours ordinaire, sans interruption, pendant deux jours de la semaine (Cass. 5 novembre 1825). — 2° Défendre aux marchands de bois d'empiler le bois contre les murs des maisons et des cheminées ou jusqu'à une certaine hauteur (3 septembre 1807 ; 14 août 1852). — 3° Interdire de placer des meules de grains ou de fourrages à moins de cent mètres de distance des bâtiments d'habitation et d'exploitation (20 septembre 1822) ; de placer des meules de paille à 20 mètres des cheminées (18 avril 1828 ; 7 septembre 1848) ; de fumer dans les rues ou auprès des granges (15 déc. 1807). — 4° Interdire l'établissement de tous magasins à fourrages à une distance moindre de 600 mètres de toute habitation (lettre minist. inter. 1838). — 5° Interdire de bâtir ou de réparer les maisons en bois ou en colombage (29 déc. 1820). — 6° Enjoindre de n'approcher du foin, avec une lumière, qu'autant qu'elle se trouve renfermée dans une lanterne (5 déc. 1833). — 7° Réduire les approvisionnements de combustibles faits en certains lieux par les particuliers (1er novembre 1829).

Mais non pour prévenir les dangers d'incendie qu'un établissement industriel fait courir aux propriétés voisines, ordonner la fermeture de cet établissement (Cass. 23 nov. 1850).

Un maire pour prévenir les incendies peut interdire par un arrêté de couvrir en chaume, paille, roseaux, ou toutes autres matières combustibles les maisons et bâtiments dans l'intérieur de la commune, et le juge de police réprimant la contravention, ne peut se dispenser d'ordonner la démolition requise par le ministère public (Cass. 22 juillet 1819; 9 août 1828; 11 septembre 1840; 16 octobre 1845; 21 mars 1851).

L'autorité municipale ayant droit de prendre de telles mesures pour l'avenir, ne pourrait sans excéder ses pouvoirs ordonner la destruction des couvertures en chaume et leur remplacement par des toîts en tuîles ou en ardoises (Cass. 3 décembre 1840).

Le pouvoir d'attribuer aux maires de régler la police municipale et de prendre des arrêtés à l'effet d'ordonner des mesures locales, ne fait pas obstacle au droit du Préfet de faire des réglements de police dans l'intérêt général, et de prescrire des mesures qui concernent le département tout entier.

En conséquence, l'arrêté préfectoral qui fait défense de couvrir les toîts en chaume, en paille et autres matières combustibles dans toute l'étendue du département, est légal et obligatoire (Cass. 12 septembre 1845).

LITIÈRES. — On distingue deux sortes de litières : la litière des étables et celle des ruages.

On place ordinairement à l'automne, près des bâtiments de la ferme, aux portes des toîts et dans l'espace connu sous le nom de ruages une couche épaisse de litières composée quelquefois de chaume ou même de paille, et souvent de fougères, de genêts et d'ajoncs. Quand la litière est bien pourrie, au printemps ou pendant l'été, on la relève.

Les produits dont on se sert comme litière, sont les chaumes ou glu, les pailles, les fougères, les genêts, les landes, les bruyères, les ajoncs, les rouches et toutes les autres productions du sol qui peuvent être employées à cet usage et non autrement.

Les buailles ou chaumes et les pailles, quand on ne les emploie pas à la nourriture du bétail, sont plus particulièrement employés aux litières des étables. Les autres produits que nous avons énumérés et auxquels on donne le nom de *bourrée*, forment la litière des ruages.

MEUNIERS. — Dans le canton d'Airvault, il est admis que pour leur rétribution les meuniers peuvent prélever la douzième partie du grain qui leur est confié pour le convertir en farine, à la charge du transport du grain et de la farine. On peut considérer que cet usage est le même dans tout le département, où il ne varie que du dixième au douzième.

C'est le dixième pour Mazières, toujours.

MOULINS. — Le propriétaire d'un bief dont les eaux alimentent un moulin ou toute autre usine est aussi propriétaire de ses *francs bords* ou digues, vulgairement appelées jetées où virolées, la largeur de ces francs bords doit être de deux mètres du côté du bas.

Les juges de paix sont compétents pour ordonner la maintenue en possession annale des eaux servant au roulement d'un moulin, encore que la jouissance ne serait pas fondée en titre, pourvu qu'elle soit une suite du droit commun et des dispositions de la loi.

Il suit de là que le propriétaire d'une usine, troublé dans la possession acquise du volume d'eau nécessaire à l'alimentation de son usine, par de nouveaux travaux faits sur le fonds supérieur, a l'action en complainte contre le propriétaire de celui-ci ; et le juge de paix ne peut, sans violer la loi, se dispenser de réintégrer le propriétaire de l'usine, et d'ordonner la suppression des nouveaux ouvrages.

L'élévation du déversoir, illégalement opérée par le propriétaire d'une usine voisine, donne ouverture à l'action possessoire : bien qu'il n'appartienne qu'à l'administration de fixer la hauteur des eaux, le juge de paix peut ordonner, en ce cas, le rétablissement des lieux dans le premier état, sans empiéter sur les attributions de l'administration.

Un juge de paix ne peut ordonner l'abaissement de la chaussée d'un moulin au-dessous de la hauteur que le Préfet a fixée. Mais il est compétent pour ordonner la vérification des changements opérés, pendant l'année, dans le mécanisme d'une usine, alors que cette mesure n'a pour but que d'apprécier, dans les limites d'une simple question de dommages-intérêts, l'influence de ces changements sur la privation des eaux dont se plaint un propriétaire inférieur. Le juge ne peut même se refuser à faire faire cette vérification, lorsqu'elle lui est demandée.

A l'égard des usines anciennes, les maîtres d'usines munis de titres antérieurs à l'édit de février 1566, sont seuls admis à se prévaloir de la perpétuité de leurs droits. Pour la création d'établissements nouveaux, il faut l'autorisation du chef de l'État, donné par décret rendu en la forme des réglements d'administration publique. Toutefois, l'autorisation par décret nécessaire autrefois pour toutes usines sur cours d'eau navigables, ne l'est plus aujourd'hui que pour celles qui ont un caractère permanent. Celles qui n'ont qu'un caractère accidentel et transitoire sont autorisées, depuis le décret de 1852, par un simple arrêté préfectoral.

MOULINS A VENT. — Il est permis à tout propriétaire de construire sur son héritage un ou plusieurs moulins à vent sans autorisation.

Les anciens réglements locaux toutefois interdisent de placer les moulins à vent à une distance déterminée des chemins publics, et ils sont toujours obligatoires (100 mètres des chemins publics); à leur défaut il n'appartient pas au préfet de fixer à quelle distance des chemins les moulins peuvent être placés, mais les maires peuvent prendre des arrêtés pour que l'établissement des moulins près des voies publiques ne nuisent pas à la circulation.

La convention par laquelle le maire moyennant une somme stipulée au profit de la commune, accorderait à un propriétaire la permission de bâtir un moulin à vent sur son fonds serait illicite et nulle, et le propriétaire pourrait répéter cette somme s'il l'avait payée. Est réputée sans cause la convention par laquelle un propriétaire, qui a le droit de construire un moulin sur son fonds, s'oblige cependant à payer au propriétaire d'un moulin voisin, une somme déterminée pour indemnité de concurrence.

MURS (DES DIVERSES ESPÈCES DE MURS). — Le *Mur de simple clôture* est celui qui n'a pour objet que de séparer deux héritages contigus, sans supporter de constructions ni d'un côté ni de l'autre.

Le *Mur de séparation* est celui qui, en même temps qu'il sépare deux héritages contigus, supporte des bâtiments de part et d'autre.

Le *Mur de face* est celui qui est au-devant d'un bâtiment et qui très-fréquemment donne sur la rue. Il ne peut être construit, réparé, ni démoli sans alignement et permission.

Les *Murs d'appui* sont ceux qui ne se montent qu'à hauteur d'appui des bras ou des coudes ; on les élève assez généralement à 1 mètre.

On nomme *Gros Murs* ceux qui forment l'entourage et comme l'enveloppe des bâtiments.

On y comprend les *Murs de refend* ou *Murs séparatifs* des diverses pièces d'un bâtiment lorsqu'ils sont en même temps murs de fond, c'est-à-dire reposant sur des fondations et y prenant naissance. Les murs de clôture, de séparation, de soutènement sont aussi compris sous la dénomination générale de *Gros Murs*.

Le *Mur de soutènement* est une espèce de contre-mur qui soutient et fortifie une terrasse, une chaussée et généralement un terrain plus élevé que celui qui l'avoisine. Ce mur est jusqu'à preuve contraire, réputé la propriété exclusive de celui dont il soutient les terres ou les bâtiments.

MURS DE CLOTURE FORCÉE. — Dans les villes et faubourgs, chacun peut contraindre son voisin à élever et entretenir à frais commun un mur de séparation entre leurs maisons, cours et jardins. Les voisins sont libres de s'entendre pour donner à ce mur telle hauteur qu'il leur convient (discussion de l'art. 663, C. civil).

Ils pourraient même convenir qu'ils n'en élèveront aucun et qu'ils sépareront leurs terrains situés dans une ville, par une simple haie. L'obligation, écrite art. 663, n'est pas de droit public, mais de droit privé ; il est donc permis aux particuliers d'y déroger.

A défaut de conventions, le mur doit, conformément à l'art. 663, être élevé dès que l'un des voisins le requiert et avoir la hauteur déterminée par les réglements particuliers ou usages. Pour les lieux où il n'y a ni réglements ni usages, la loi fixe l'élévation à 3^{m} 27^{c} (10 pieds), compris le chaperon dans les villes de 50,000 âmes et au-dessus ; et à 2^{m} 66^{c} (8 pieds) dans les autres villes.

La faculté de contraindre le voisin à contribuer à la clôture commune est imprescriptible.

La loi n'ayant pas d'effet rétroactif, la disposition de l'art. 663 n'a pu atteindre les murs qui existaient au moment de la publication du Code civil (10 févr. 1804). Ces murs, à moins de volonté contraire des parties, conserveront l'élévation qu'ils avaient alors (art. 663 du C. civil).

Partout ailleurs que dans les villes et leurs faubourgs, la clôture est purement facultative ; l'un des voisins peut bien se clore, mais il doit prendre sur lui seul tout le terrain nécessaire à la clôture, et ne pourrait forcer le voisin limitrophe à y contribuer.

Le mur de clôture forcée doit être posé sur la ligne séparative des deux héritages, de manière que chaque voisin fournisse en terrain, moitié de l'épaisseur du mur.

— Pour quelles natures de terrain la clôture est-elle obligatoire ? La jurisprudence applique l'art. 663 aux terrains qui, bien que n'étant pas une cour ou un jardin, sont la dépendance d'une habitation ; elle refuse d'en faire l'application aux terrains qui ne dépendent d'aucune habitation, comme un marais, une prairie. (Avis conforme Demolombe).

Celui dont l'héritage se trouve situé en partie

dans la campagne et en partie dans la limite d'un faubourg, peut être contraint à la clôture par rapport à cette derniere partie, quelque minime qu'elle soit. (art. 663 applicable).

Il est juste que celui des voisins qui veut se clore, ne le fasse pas exclusivement à ses frais, dans la partie urbaine de ses frontières.

Le voisin sommé de contribuer à l'érection d'une clôture commune pourrait-il s'y soustraire en fournissant et abandonnant à celui qui la réclame, la moitié du terrain nécessaire à la construction ? La cour de cassation est pour l'affirmative ; un changement de jurisprudence ne saurait donc plus être espéré qu'autant que la question viendrait devant les chambres réunies.

Sauf convention contraire ou prohibition administrative dans un intérêt général, les deux voisins peuvent élever le mur de clôture au-delà de la hauteur prescrite, pourvu que l'un deux n'en use que pour l'avantage de sa propriété et non par malveillance ou pour enlever sans profit pour lui, l'air et la lumière à l'autre voisin. Celui qui exhausse demeure propriétaire exclusif de l'exhaussement, mais il doit pour la charge, une indemnité au voisin qui ne peut se servir de cet exhaussement qu'autant qu'il en acquiert la mitoyenneté, ainsi qu'il en a le droit.

La clôture forcée doit être en pierres et maçonnerie et non en bois ou en pierres sèches.

En général, on porte l'épaisseur du mur à un mètre et les fondations aussi à un mètre au-dessous du sol. Le mur pourrait même être construit sans fondations s'il était placé sur le roc. L'un des voisins peut désirer que le mur soit construit avec des dimensions plus fortes, mais l'excédant de largeur serait pris de son côté et il supporterait seul l'excédant des frais dépassant les conditions d'usage.

On doit préalablement à l'occasion d'une clôture commune s'entendre avec le voisin et si ce dernier s'y refuse, se faire autoriser en justice.

Si la clôture existait déjà par destination du père de famille et qu'au lieu d'être en pierres elle fût en pan de bois, l'un des voisins ne pourrait exiger que ce pan de bois fût, à frais communs, remplacé par une maçonnerie.

Le mur de clôture forcée et son exhaussement, s'il se trouve mitoyen, doivent être entretenus, réparés et construits à frais communs et en proportion du droit respectif des voisins.

L'un des voisins peut-il s'affranchir de sa contribution aux frais d'entretien, de réparation et de reconstruction du mur de clôture forcée, au moyen de l'abandon de son droit de mitoyenneté dans ce mur ? Oui, selon les uns, solution hasardée selon d'autres. Quand à la faculté d'abandonner la mitoyenneté de la portion du même mur qui excéderait la hauteur légale, elle existe incontestablement par application de l'art. 656 du Code civil.

MURS JOIGNANT AVEC MOYEN ou MURS NON CONTIGUS. — Un mur est dit joindre avec moyen lorsqu'il est séparé de l'héritage voisin par un espace quelconque appartenant soit au propriétaire du mur, soit au domaine public ou communal, soit par indivis aux deux propriétaires voisins. Quand un mur est ainsi placé, il est la propriété exclusive de celui qui l'a fait construire : l'espace qui le sépare du voisin s'oppose à ce qu'il puisse être rendu mitoyen, contre le gré de celui qui le possède, à moins que ce dernier ne devienne acquéreur de l'espace intermédiaire. Le propriétaire de deux murs séparés par un espace de terrain appartenant à un tiers ou grevé d'une servitude, peut-il couvrir cet espace de constructions appuyées sur la partie supérieure de ses murs ? Non, mais si le propriétaire ayant la propriété entière et exclusive de l'espace intermédiaire, le terrain compris dans cet espace est grevé seulement d'une servitude de passage, le propriétaire peut le faire pourvu que la construction ne gêne en rien la commodité du passage.

Le propriétaire d'une cour assujettie à un droit de vue ne peut, sans le consentement de celui auquel profite la servitude, couvrir cette cour, même au moyen d'un vitrage. Ce serait en effet, diminuer l'usage de la servitude et la rendre plus incommode.

En principe, celui qui possède exclusivement un mur non contigu peut exercer sur ce mur tous les actes que permet le droit de propriété; sa liberté est limitée cependant par le respect et les égards dus à la propriété voisine. Ainsi il ne peut par pur caprice, par méchanceté, et dans l'unique but de nuire au voisin peindre son mur. Le voisin pourrait au contraire s'il y avait nécessité obtenir la permission de faire blanchir le mur à ses frais, à la condition de pratiquer les travaux sans échafaudages, sans hacher le mur et sans piquer les moellons.

Le propriétaire du mur non contigu peut y établir et conserver des vues droites pourvu que l'espace séparatif soit de $1^{m}94^{c}$ (6 pieds), des vues obliques, pourvu que cet espace soit de 65 centimètres (2 pieds).

Si la distance légale n'existe pas, la suppression des jours peut toujours être exigée à moins que le droit de les conserver ne résulte d'un titre ou de la destination du père de famille ou de la prescription.

Si l'espace séparatif est aux deux voisins ayant plus de 2 mètres et moins de 4, peut-on pratiquer des vues? L'affirmative a été jugée par la Cour de Caen, mais il paraît préférable de suivre l'opinion contraire qui a pour elle un arrêt de la chambre des requêtes et de calculer la distance d'après une ligne idéale tracée au milieu du terrain commun.

L'espace intermédiaire dépend-il du domaine public, de l'État ou de la Commune, le propriétaire du mur peut, quelqu'étroit que soit cet espace, y pratiquer tels jours qu'il jugera convenable.

Si l'espace intermédiaire ne dépendait ni du domaine public ni du domaine communal, mais consistait en une ruelle commune aux voisins, ou en un terrain consacré à l'usage de quelques particuliers auxquels il appartient, la distance prescrite par l'art. 678 devrait-elle être rigoureusement observée? La question a été diversement jugée. La cour de Cassation avait décidé par arrêt du 5 mai 1831 que la distance doit se compter à partir d'une ligne tracée au milieu du terrain commun ; elle s'est arrêtée depuis à cette décision (31 mars 1851) que si le terrain commun n'est soumis à aucun mode spécial de jouissance ou que les vues seraient nuisibles ou incommodes, les vues peuvent être prises, sans distance intermédiaire sur ce terrain commun pourvu qu'elles ne soient pas à moins de 1^{m}90^{c} des bâtiments qui sont la propriété exclusive des autres communistes.

Il y a encore un autre principe pour résoudre cette question, c'est celui de la destination de la chose commune.

MURS CONTIGUS. — Ce sont les murs qui joignent immédiatement et sans nul intermédiaire la propriété limitrophe.

En principe, tout propriétaire, en ville et en campagne peut, après avoir fait régler l'alignement avec l'autorité ou avec le voisin, construire aussi haut et aussi près qu'il lui plaît, de la voie publique ou de l'héritage voisin sauf conventions des deux propriétaires voisins ou mesures administratives prises en vue de l'intérêt public. C'est ainsi qu'on ne peut bâtir à proximité des places fortes ou des édifices publics ou à moins de 100 mètres des nouveaux cimetières, etc.

Celui qui porte son mur à l'extrême limite de son terrain, ne peut par aucun moyen faire écouler les eaux de ses toîts, de ses cuisines, ou autres, sur la propriété de son voisn ; il ne peut non plus faire à son mur aucun ouvrage en saillie sur ce voisin.

Mais peut-il y pratiquer des jours et des vues? Non, s'il s'agit de vues droites ou obliques prises par fenêtres, balcons ou terrasses. Ces sortes de vues ne peuvent être prises qu'aux distances tracées par les art. 678 à 680 du Code civil. Nul doute au contraire, que des jours et fenêtres à fer maillé et à verre dormant n'y puissent être pratiqués, conformément aux art. 676 et 677 du même Code. Mais le voisin peut quand bon lui semble les marquer dans l'intérêt de son propre héritage. Le droit du voisin de nuire à cette sorte de jours n'est limité que par la règle qu'on n'est jamais admis à accomplir un acte qui porte préjudice à autrui par pure malice et sans y avoir soi-même intérêt : « *malitiis non est indulgendum.* »

Ni la prescription ni la destination du père de famille ne s'appliqueraient aux jours légaux, puisqu'ils ne sont que tolérés et ne constituent pas une véritable servitude, il en sera de même pour les lucarnes et soupiraux.

La servitude d'appui ne donne pas le droit de percer un mur, surtout d'outre en outre.

Le voisin doit-il à celui qui a construit un mur sur l'extrême limite de son héritage le passage nécessaire pour pourvoir aux réparations de ce mur? L'on décide ordinairement que le passage est dû, sans indemnité dans les lieux où la clôture est forcée, et moyennant une juste indemnité dans les autres lieux mais dans le cas seulement où ce passage est absolument indispensable. Ce n'est pas une servitude, mais un droit accidentel imposé par les nécessités du voisinage.

Le propriétaire d'un mur qui joint sans moyen la propriété du voisin, peut s'opposer à ce que celui-ci se serve en aucune façon de la face que ce mur lui présente.

En conséquence, le voisin d'un tel mur ne peut, tant qu'il n'en a pas acquis la mitoyenneté, y appuyer ni constructions, ni treillages, ni espaliers, pas même des objets mobiles tels que bois ,fers emmagasinés, pierres, terres, sable, fumier, pailles, etc.

C'est une règle d'ailleurs, dont il ne faut pas exagérer l'application, il a été jugé avec raison par la cour de Paris (18 juillet 1862) que le propriétaire d'un mur le long duquel grimpe un lierre qui a ses racines dans la propriété voisine n'est fondé à demander la destruction de ce lierre qu'autant qu'il prouverait le dommage ou l'incommodité résultant pour lui de son existence.

Le voisin pourrait, s'il y avait intérêt, se faire autoriser au refus du propriétaire du mur, à blanchir ou peindre le parement de ce mur qui se présente de son côté.

Il peut à la condition d'observer la distance prescrite ou de faire contre-mur établir à proximité du mur contigu telles constructions qu'il juge convenable et cela sans pouvoir être contraint à acquérir la mitoyenneté, dans les lieux du moins où la clôture n'est que facultative.

Toutes les fois que le propriétaire construit à la limite de son héritage, un mur qui joint sans moyen l'héritage du voisin, il est sage à lui pour n'être pas obligé dans la suite de démolir, d'établir dès l'origine son mur en suivant les lois et règlements applicables aux cas visant les distances intermédiaires (fosses d'aisances, puits, magasins de sel, morues ou autres matières corrosives, cheminées, etc.) et de s'entourer de l'avis des gens de l'art.

Le voisin du propriétaire d'un mur contigu

peut exiger la mitoyenneté du mur en tout ou en partie, moyennant paiement de la moitié tant de la valeur du mur ou de la portion de mur qu'on veut rendre mitoyenne, que de la valeur du terrain sur lequel ce mur repose. Celui qui veut acquérir la mitoyenneté n'est tenu ni de faire connaître ses motifs ni de se servir du mur après l'acquisition.

Par contre, le propriétaire du mur joignant sans moyen a t-il le droit de contraindre le voisin à acquérir la mitoyenneté ? La négative n'est pas douteuse pour les lieux qui ne sont pas de clôture forcée. Mais pour les lieux de clôture forcée la question est controversée et nous pensons cependant que l'acquisition de mitoyenneté peut être exigée.

La faculté d'acquérir la mitoyenneté est permanente : on ne peut prescrire contre elle par trente ans. Cette faculté peut être invoquée par l'usufruitier, l'usager ou l'emphytéote, aussi bien que par le propriétaire.

Cette faculté n'existe pas lorsque ce mur appartient aux fortifications d'une ville ou qu'il fait partie de tous autres édifices publics placés hors du commerce.

Un hôtel de Préfecture ne serait pas compris dans cette catégorie d'édifices et le propriétaire voisin aurait le droit d'en rendre le mur mitoyen. Il en est de même d'un presbytère.

S'il existait un droit d'égoût, l'acquéreur de la mitoyenneté devrait respecter la servitude d'égoût malgré son acquisition.

La cession de la mitoyenneté d'un mur dans toute sa largeur et sa hauteur, emporte, de la part du cédant, renonciation implicite aux jours et vues pratiqués dans le mur, quelque anciens qu'ils puissent être à moins d'une réserve à cet égard dans le contrat de cession.

Le propriétaire du mur peut s'opposer à ce que le voisin y touche avant que la valeur de la mitoyenneté ait été fixée par experts et que le prix ait été payé. S'il y a eu expertise à qui incombent les frais ? La jurisprudence d'accord avec M. Pardessus met toujours les frais de l'expertise à la charge de l'acquéreur, se fondant sur ce que le propriétaire qui peut ne pas connaître exactement la valeur de son mur a le droit de le faire estimer par personnes compétentes et en forme légale. *Quid juris.* S'il s'agit d'un vieux mur ? Le voisin doit acquérir et payer la mitoyenneté du vieux mur quelque modique qu'en soit le prix, et il peut ensuite contraindre le propriétaire du mur devenu mitoyen, à le reconstruire à frais communs, sur le même emplacement et suivant le même alignement. L'ancien propriétaire ne peut se soustraire à l'obligation de reconstruire qu'en abandonnant son droit de co-propriété.

La faculté de n'acquérir la mitoyenneté que d'une portion seulement de l'épaisseur a été admise à l'égard des murs de dimensions exceptionnelles par un arrêt de la cour de Paris du 18 février 1854.

Il s'ensuit que si pour avoir des caves ou autres choses le propriétaire contigu avait fondé son mur en conséquence et lui avait donné une épaisseur plus forte que d'usage, l'acquéreur de la mitoyenneté s'il ne faisait ni caves ni autres ouvrages pourrait être admis à n'acquérir la mitoyenneté du mur que dans les dimensions ordinaires.

Celui qui sur la réquisition du voisin a été contraint de subir l'acquisition de la mitoyenneté pourrait-il être déclaré, par application de l'art. 1641, Code civil, garant des vices cachés du mur? Non, car il n'est pas un vendeur, il subit une expropriation plutôt qu'il ne consent une vente. L'indemnité fixée doit être définitive et aucun événement ultérieur n'y peut rien faire changer, puisqu'elle a été basée sur un examen scrupuleux du mur.

Si l'acquisition de mitoyenneté a pour objet d'adosser une cheminée au mur, celui qui veut la faire, doit prendre du mur la portion que la cheminée et son tuyau devront occuper en hauteur et en largeur, en ajoutant à cette largeur 33 centimètres (1 pied) de chaque côté, ce qu'on nomme le pied d'aile.

Si, suffisamment solide pour clôture, le mur n'est pas assez fort pour supporter les constructions de l'acquéreur c'est à ce dernier à le renforcer, à ses frais et à entretenir les plus fortes dimensions qui sont sa propriété exclusive.

Si le mur suffisant pour soutenir la construction existante ne pouvait soutenir celle que l'acquéreur de la mitoyenneté se propose de faire, la reconstruction se fera à frais communs mais celui qui l'aura rendue nécessaire devra indépendamment de la valeur du terrain : 1° la moitié de la valeur du mur réglée d'après l'état où il se trouvait; 2° une somme correspondante au préjudice qui peut résulter pour son voisin de l'obligation de reconstruire plus tôt un mur qui aurait pu suffire encore pendant plus ou moins de temps.

Si le mur était absolument mauvais, il va sans dire que les deux éléments d'indemnité indiqués ci-dessus se réduiraient à zéro.

Les locataires de la maison dont le mur est démoli ont-ils le droit de demander la résiliation de leurs baux? Non, ils n'auraient droit qu'à diminution du loyer. Mais la résiliation pourrait être demandée si le travail devait rendre inhabitable la partie des lieux loués nécessaire au logement du preneur et de sa famille (art. 1724 Code civil).

La demande en résiliation pourrait précéder l'exécution des travaux, s'il était d'avance évident que la maison soit inhabitable. Le droit sera donc subordonné au fait.

Le propriétaire obligé d'indemniser ses locataires ou de résilier avec eux, aura-t-il un recours contre le demandeur en mitoyenneté? oui, à moins que la démolition eût été nécessaire alors même que la réclamation de mitoyenneté ne se fût pas produite.

MURS MITOYENS. — On appelle mur mitoyen celui qui est construit sur la limite de deux héritages contigus, qui a été construit à frais communs, et qui est assis moitié sur le terrain de l'un et moitié sur le terrain de l'autre.

Si le mur a été construit en vertu d'une convention, le titre qui l'établit, en règle les charges et les effets : à défaut de titre dans les villes et les campagnes, tout mur servant de séparation entre bâtiments ou entre cours et jardins et même entre enclos dans les champs est présumé mitoyen jusqu'à l'héberge (C. civil, art 653).

Le voisin troublé dans la possession du mur présumé mitoyen par l'établissement de signes de non-mitoyenneté, pourrait dans l'année du trouble agir au possessoire pour faire ordonner la destruction de ces signes.

La présomption légale de mitoyenneté, établie par l'art. 653 ne peut être détruite par la preuve testimoniale (Angers 3 janv. 1850).

Il y a marque de non-mitoyenneté, lorsque la sommité du mur est droite et à plomb de son parement d'un côté et présente de l'autre un plan incliné. Lors encore qu'il n'y a que d'un côté ou un chaperon ou des filets et corbeaux de pierre qui y auraient été mis en bâtissant le mur.

Dans ces cas, le mur est censé appartenir exclusivement au propriétaire du côté duquel sont l'égoût ou les corbeaux et filets de pierre.

On entend par chaperon, le sommet du mur ; par filets, la partie du chaperon qui déborde le mur, pour faciliter l'écoulement des eaux ; par corbeaux, des pierres en saillie qu'on place dans le mur en le construisant, afin d'y appuyer des poudres lorsqu'on voudra adosser un bâtiment au mur mitoyen. Il ne faut pas confondre ces corbeaux avec les pierres d'attente qu'on fait saillir du côté du voisin. La réparation et la reconstruction du mur mitoyen sont à la charge de tous ceux qui y ont droit, et proportionnellement au droit de chacun.

Cependant, tout co-propriétaire d'un mur mitoyen peut se dispenser de contribuer aux réparations et reconstructions, en abandonnant le droit de mitoyenneté, pourvu que le mur mitoyen ne soutienne pas un bâtiment qui lui appartienne (655, 656). Le droit d'abandon, consacré par l'art. 456 cesserait à l'égard du propriétaire qui appuierait un bâtiment sur le mur mitoyen. La faculté d'abandon comprend les murs à construire aussi bien que les murs existants (Cass. 5 mars 1828).

Tout co-propriétaire peut faire bâtir contre un mur mitoyen et y faire placer des poutres ou solives dans toute l'épaisseur du mur à cinquante quatre millimètres (deux pouces) près, sans préjudice du droit qu'a le voisin de faire réduire à l'ébauchoir, la poutre jusqu'à la moitié du mur, dans le cas où il voudrait lui-même asseoir des poutres dans le même lieu ou y adosser une cheminée.

Tout co-propriétaire peut faire exhausser le mur mitoyen ; mais il doit payer seul la dépense de l'exhaussement, les réparations d'entretien au-dessus de la hauteur de la clôture commune, et, en outre, l'indemnité de la charge en raison de l'exhaussement et suivant la valeur. Cependant, si le mur mitoyen n'est pas en état de recevoir l'exhaussement, celui qui veut l'exhausser doit le faire reconstruire en entier, à ses frais, et l'excédant d'épaisseur doit se prendre de son côté. Dans ce cas, le voisin qui n'a pas contribué à l'exhaussement peut en acquérir la mitoyenneté en payant la moitié de la dépense qu'il a coûté, et la valeur de la moitié du sol fourni pour l'excédant d'épaisseur.

Tout propriétaire joignant un mur, a la faculté de le rendre mitoyen en tout ou en partie en remboursant au maître du mur la moitié de sa valeur ou la moitié de la portion qu'il veut rendre mitoyenne et moitié de la valeur du sol sur lequel ce mur est bâti.

Pour que ce droit puisse être exercé il faut qu'il n'y ait aucun obstacle légal ou conventionnel qui s'y oppose.

Cette faculté accordée par l'art. 661 du Code civil ne s'étend pas non plus aux édifices publics consacrés à l'exercice du culte.

La présomption de mitoyenneté ne cède pas à une possession annale, quelque bien caractérisée qu'elle soit.

Le mur mitoyen doit être construit, sauf conventions intervenues, comme les murs de clôture forcée. (Voir plus haut).

S'il y a différence de niveau entre les héritages que le mur mitoyen doit séparer, l'élévation prescrite par l'usage ou la loi devra se compter à partir du sol le plus élevé comme pour les murs de clôture forcée.

La nécessité d'avertir le voisin des travaux qu'on se propose de faire, existe. Il faut mettre aussi entre l'avertissement et le commencement des travaux un délai suffisant pour que le voisin ait le temps de prendre ses précautions. Il importe qu'il reste une trace écrite de l'avertissement qu'il faudrait renouveler par huissier en cas de refus.

Si l'un des propriétaires est absent et que le mur menace ruine, l'autre co-propriétaire peut, sans sommation préalable ni autorisation de justice, faire mettre à ce mur des étais et contrefiches de son côté ; mais s'il était indispensable d'étayer de l'autre côté, il faudrait l'autorisation de justice. C'est alors le Procureur qui représente l'absent, et les étais doivent rester en place jusqu'à ce que les mesures propres à éviter le péril aient été prises.

Bien qu'une maison séparée par un mur mitoyen ait été achetée et démolie, en vue d'en incorporer le sol à la voie publique, le propriétaire de l'autre maison ne peut ouvrir des jours dans le mur mitoyen, tant que cette incorporation n'a pas été faite.

NOTA. — Un cultivateur avait charroyé des pierres pour une commune de Gâtine, qui, d'après des conditions préalables, devait lui payer autant de toises de pierres qu'il se trouvait de toises de maçonnerie, en en prenant le tiers.

La commune prétendait que les murailles construites ayant une épaisseur moindre que l'usage ne comporte, une toise de moëllons devait produire plus de trois toises de murs. Erreur. Il entre autant de matériaux dans un mur de $0^m 50^c$ que dans un mur de $0^m 66^c$. Les parements composés de bons moëllons sont les mêmes dans les deux. Le mur de $0^m 66^c$ contient plus de terre ou plus de garni (terme de maçon). Ce garni n'étant composé que de gossures, il importe peu de les employer ou de les laisser dans les déblais.

L'usage veut qu'une toise de pierre fasse trois toises de maçonnerie quelle que soit l'épaisseur des murs, pourvu qu'ils ne dépassent pas $0^{m}66^{c}$.

PAILLES ET BUAILLES. — En général, les pailles ou buailles appartiennent à l'entrant, sans distinction d'espèce.

PARCOURS ET VAINE PATURE. — Le droit de parcours et de vaine pâture est presque complétement inconnu en Gâtine où toutes les pièces de terre sont closes.

Dans le canton de Menigoute, assimilé à celui de Mazières, quant à ses usages, ce droit a lieu dans quelques prairies après les regains jusqu'au 4 février. Le parcours est l'usage où sont les habitants de deux communes voisines d'envoyer réciproquement leurs bestiaux sur leurs territoires respectifs après l'enlèvement des récoltes.

La vaine pâture est l'usage où sont les habitants d'une même commune d'envoyer réciproquement leurs bestiaux sur les champs ou les prés les uns des autres, aussitôt après l'enlèvement de la récolte.

Le gros bétail paît depuis l'enlèvement des récoltes jusqu'au 30 novembre, et les moutons et les chèvres jusqu'au 2 février.

Les oies vont sur les prés et dans les champs

pendant toute la saison de la vaine pâture, mais non sans mécontenter les propriétaires.

Les porcs sont exclus de la vaine pâture pour les champs et les prés.

Dans les communes du département où ces droits ou l'un d'eux sont en usage, ils ne peuvent s'exercer sur les prairies artificielles ou dans les bois.

PIEDS CORNIERS. — Arbres servant de limites ou de bornes entre propriétaires de bois dont la propriété est indivise entre riverains. La propriété d'un arbre ayant apparence de pied cornier se revendique au profit du propriétaire dans le terrain duquel il se trouve à dix-huit pouces du voisin, à partir du milieu de l'arbre.

POURINIER. — Le pourinier est celui qui ramasse la fiente des bestiaux dans les prés, ainsi que les feuilles, en fait des tas pour que le fermier les réunisse tous en un seul. Le pourinier a soin de ce tas unique, le prépare, le bine et le fermier, à la St-Michel, étend ce fumier dans ses terres.

Le pourinier doit fournir la moitié du monde nécessaire pour étendre ce fumier et viendra récolter, pour son propre compte, la moitié du grain pourvu qu'il fournisse encore la moitié du monde nécessaire pour couper le blé et pour le battre et qu'il ait fourni au préalable la moitié de la semence.

Le pourinier a encore cet avantage de récolter la moitié de l'avoine qui se fait alors sans fumier dans le blé précédent.

Il est d'usage que le pourinier fournisse au fermier deux journées de son travail gratis, en sa qualité de pourinier.

L'usage du pourinier tend à disparaître parce que la plupart des propriétaires préfèrent voir le fumier se consumer sur place.

PRAIRIES ARTIFICIELLES. — Les prairies artificielles sont les terres labourables ensemencées pour une ou plusieurs années en plantes fourragères dont le produit est ou peut être fauché. Les plantes qui les constituent sont le trèfle, la luzerne, le sainfoin, le raygrass, quelquefois aussi le seigle et l'avoine. L'usage en est encore peu répandu en Gâtine.

PRÉS. — Chaque année on les fume, on les étaupine, on enlève les fourmillières, on les nettoie, on fait ou l'on recure les aiguières ou rigoles. On fauche les foins vers la Saint-Jean, et les regains vers le mois d'août.

On laisse le bétail au pacage jusqu'à la Notre-Dame de mars (25 mars).

PRESCRIPTION. (Art. 2219-2281 C. civil). — C'est à celui qui peut invoquer la prescription à la faire valoir ; les juges ne doivent pas suppléer d'office le moyen qui en résulte. La prescription a lieu quoiqu'il y ait eu continuation de fournitures, livraisons, services et travaux ; chaque fourniture, livraison, etc., étant considérée comme une créance distincte soumise à une prescription particulière. Elle ne cesse de courir que lorsqu'il y a eu compte arrêté, obligation souscrite ou citation en justice non périmée et alors la présomption de paiement n'existant plus, la prescription ne pourra s'acquérir que par 30 ans.

PRESCRIPTION (Eaux Pluviales). — Quant à cette prescription, il y a controverse ; mais suivant l'opinion la plus généralement adoptée, la jouissance des eaux intermitentes, estivales ou pluviales, recueillies par un fonds supérieur, peut être, aussi bien que celle des eaux de source, l'objet d'une servitude prescriptible au profit du fonds inférieur (Colmar 24 août 1850).

De même, si les eaux pluviales, lorsqu'elles sont abandonnées à elles-mêmes, n'appartiennent à personne (*res nullius*), elles deviennent au contraire, susceptibles de possession et de prescription lorsque, par *des travaux apparents*, elles sont soumises à une destination privée. (Req. 12 mai 1858 ; 16 janv. 1865). Ainsi le droit aux eaux pluviales tombées sur les terrains supérieurs d'un village est susceptible d'être acquis par prescription au profit d'un fonds inférieur au moyen de travaux exécutés, soit sur ce fonds, soit sur les terrains appartenant à la commune (Colmar 28 mars 1869).

L'art. 640 est applicable aux eaux pluviales. (Bordeaux 26 avril 1839 ; Req. 27 fév. 1855).

RATELAGE ; GLANAGE ; GRAPILLAGE. — Le glanage et le râtelage s'exercent partout même en Gâtine, où toutes les pièces de terre sont closes ; mais partout on ne considère cet usage que comme étant de simple tolérance. Le grapillage est inconnu dans toute la Gâtine, où il n'existe pas de vignes ; ailleurs, le jour de son ouverture est fixé par l'arrêté des maires sur le ban des vendanges où l'usage veut qu'il ne commence qu'après l'enlèvement entier de la récolte, conformément à la loi. (Voir la loi du 28 sept. 6 oct. 1791, titre 2 de la police rurale, art. 21, et le C. pénal du 12-22 fév. 1810, art. 471, § 10).

Dans le canton de Mazières, des fermiers ont été autorisés à couper leur blé à 0,33c seulement au lieu de couper ras. Cet usage a commencé à être mis en pratique au moment où l'on s'est mis à faire du froment dans cette contrée.

Le motif en est que pour avoir de bonne paille, il ne faille pas s'exposer à laisser périr le grain, ce qui arriverait par suite de l'échauffement produit par la grande quantité d'herbes mêlées ordinairement à la paille.

Il va être impossible de maintenir cet usage en présence de l'apparition récente des moissonneuses que le manque de bras vient de faire naître, en sorte que l'existence de la buaille ou sa non-existence va être laissée au bon plaisir de chacun et selon que la culture se fera à plat ou à sillons.

ROUTOIRS POUR LES CHANVRES. — Dans le plus grand nombre des localités, le rouissage s'opère en petit; le cultivateur fait lui-même rouir le chanvre qu'il a récolté, soit sur le pré, soit dans les rivières, ruisseaux ou fossés qui avoisinent sa demeure. C'est à l'autorité municipale à veiller scrupuleusement à ce que toutes les précautions convenables soient prises.

D'après l'arrêté du 8 juillet 1840, de M. le Préfet des Deux-Sèvres, le rouissage ne peut avoir lieu que dans les cours d'eau et partie de cours d'eau désignés par le maire qui fixe la quantité de chanvre ou de lin qu'on peut y faire rouir; le rouissage du lin et du chanvre, surtout dans les années de sécheresse, pouvant occasionner de sérieux inconvénients, s'il n'était entouré de précautions.

Il faut que le chanvre soit battu et égrené avant de le faire rouir.

RUCHES D'ABEILLES. — Loi du 28 sept. 6 oct. 1791, titre 1er, sect. III, art. 5. « Le propriétaire d'un essaim a le droit de le réclamer et de s'en ressaisir tant qu'il n'a point cessé de le suivre, autrement l'essaim appartient au propriétaire du terrain sur lequel il est fixé. »

Dans le canton de Champdeniers, sans doute par assimilation des abeilles à un trésor et par application de l'art. 716 du Code civil, l'usage veut que lorsque le propriétaire d'une ruche d'abeilles a perdu de vue un essaim, cet essaim appartienne pour une moitié au propriétaire de l'arbre sur lequel il s'est appuyé et pour l'autre moitié à celui qui l'a découvert.

A Celles, quand le propriétaire d'une ruche a perdu un essaim de vue, l'usage veut qu'il appartienne au premier occupant.

TACITE RECONDUCTION. — On nomme tacite reconduction le nouveau bail qui s'opère sans convention lorsque, à l'expiration d'un bail, soit écrit, soit verbal, le preneur reste et est laissé en possession de l'immeuble loué ou affermé. La tacite reconduction ne peut commencer qu'à l'expiration du bail qu'elle continue ; mais il est des actes et des faits qui la présupposent : tels sont, pour les locations d'habitation, le défaut de congé ou d'avertissement dans le délai d'usage ; si un jardin dépend de la location, l'exécution de travaux que le locataire n'y aurait point faits si la jouissance n'avait pas dû être continuée ; pour les fermes de borderies, de métairies, de terres détachées, de prés ou de vignes, les travaux préparatoires pour la jouissance de l'année suivante, lorsqu'ils ont été faits au vu et au su du propriétaire. On doit croire, en effet, que les parties entendent continuer le bail, lorsque le colon ou fermier a fait avec l'assentiment du propriétaire, les travaux qui, en cas de changement, auraient dû être faits par l'entrant, lorsque, par exemple, les guérêts ont été préparés, les rigoles ou rouillères curées et entretenues, les foins fauchés et serrés, les choux plantés, les chaumes fauchés et ramassés, la vigne taillée.

TAUPIER. — Le taupier est celui qui est chargé de prendre les taupes partout où il s'en trouve ; il est payé par abonnement ou à la pièce.

Les grosses fermes paient par abonnement ou en blé ; les petites paient à la pièce qui s'élève à 0,25 c. par taupe.

TOUR D'ÉCHELLE. — Droit qu'a le propriétaire d'un mur ou d'un bâtiment, de poser, au long de ce mur ou de ce bâtiment, les échelles nécessaires à la réparation, en un mot tous les travaux nécessaires en y introduisant les ouvriers, avec leurs outils ou échafaudages.

Le tour d'échelle est considéré comme une propriété ou comme une servitude. Comme propriété, ce n'est autre chose que l'espace même de terrain qu'un propriétaire laisse en dehors du mur qu'il construit sur sa propriété. Le voisin contigu n'y peut faire aucune entreprise.

Celui qui laisse le tour de l'échelle comme ci-dessus, doit, par un procès-verbal contradictoire ou par tout autre titre, faire constater que le terrain qu'il laisse a telle largeur et qu'il est en tel état.

La propriété du terrain d'échellage le prouve par titre et par prescription.

Le tour d'échelle pris comme servitude est le droit acquis à un propriétaire de poser ses échelles sur le terrain de son voisin, d'y faire passer ses ouvriers, d'y échafauder, d'y déposer momentanément les matériaux nécessaires aux travaux à faire au mur, au toît, aux tuyaux de cheminée de sa construction. Ce droit est une servitude discontinue et non apparente qui ne peut aujourd'hui s'établir que par un titre, sauf les droits acquis par destination du père de famille ou par la prescription lors de la publication du Code civil.

Le tour d'échelle et le droit de passage diffèrent essentiellement l'un de l'autre : le droit de passage ne donne pas le droit de tour d'échelle ; le droit de tour d'échelle ne donne pas le droit de passer, habituellement.

Quant à la largeur, si le titre n'en dit rien, il faut suivre l'usage du lieu même, ou celui du lieu le plus voisin ; à défaut d'usage local, la largeur pourrait être fixée à 1 mètre (3 pieds), mesurée du parement extérieur du mur au rez-de-chaussée. Rien ne s'oppose à ce que ce terrain puisse être fermé par des portes ou barrières, pourvu que le propriétaire dominant puisse librement y pénétrer quand il en a besoin et après avoir prévenu le propriétaire servant.

Il faut bien remarquer que le tour d'échelle n'est plus légal mais seulement conventionnel, depuis l'existence du Code civil.

USUFRUIT. — La coupe des bois de serpe et de futaies varie suivant les lieux et les essences de bois ; ainsi, à Champdeniers, les bois se coupent à cinq ans, sept ou neuf ans, et dans une commune de ce canton, à onze ans ; les baliveaux et les futaies se coupent selon la volonté du propriétaire.

Dans le canton de Beauveoir, les taillis se coupent à dix, douze, quinze et trente ans.

Dans le canton de Celles, tous les sept, neuf ou douze ans, il en est de même dans le canton de Melle.

Les bois de rivière, essence blanche, tel que le saule, se coupent tous les cinq ans, quelquefois tous les sept ans. Dans le canton de Parthenay, à neuf ans.

Dans celui de Mazières, les taillis se coupent à sept ou à neuf ans.

Pour les têtards, on suit la durée des fermes, quant à l'ébranchage dont le produit appartient au fermier.

Dans celui d'Airvault, à neuf ans, sur les terrains secs, à sept ans sur les terrains humides, et à cinq ans sur les terrains marécageux. Les haies et les buissons se coupent à cinq ans.

A Moncoutant, les bois-taillis de neuf à dix ans, les bois de serpe à cinq ans.

A Secondigny, les bois-taillis et arbres têtards se coupent à neuf ans, à l'exception des châtaigneraies destinées à la vannerie, qui se coupent à cinq, six ou sept ans. Si, couper chaque année, pour son service, des reortes dans ses propres bois, est conforme aux habitudes des propriétaires et des usufruitiers, les prendre dans les bois d'autrui est un délit forestier.

A l'égard des arbres arrachés ou brisés par accident, l'usage ne permet pas à l'usufruitier de s'en emparer quand il s'agit du noyer, du cerisier ou du châtaigner, lors même qu'il offrirait de les remplacer. Ces arbres sont assimilés aux futaies, à raison du prix élevé de leurs bois et considérés comme capital foncier.

Il n'y a pas d'usage en ce qui concerne les

pépinières et leur usufruit ; en cas de contestation, on se rattache aux principes du droit. Les arbres qui, après avoir été enlevés d'une pépinière, sont simplement mis en jauge dans un terrain, ne cessent pas d'avoir la nature des meubles ; ils n'accèdent pas au terrain.

Les arbres plantés par le fermier sur le fond qu'il tient à bail, lui appartiennent, à moins qu'il ne les ait mis en remplacement d'autres arbres morts ou arrachés pendant le bail. Il a le droit de les enlever, si toutefois le propriétaire ne veut pas les conserver en en payant la valeur.

Le fermier peut être admis à prouver ses plantations par témoins, encore bien qu'elles seraient d'une valeur de plus de 150 fr.

Les règles relatives à la preuve testimoniale reçoivent exception quand il s'agit d'une obligation qui procède non d'une convention mais d'un parfait ou d'un quasi-contrat.

On peut acquérir, par prescription, la propriété d'un arbre planté ou accru sur le sol d'autrui, si pendant trente ans on a joui exclusivement de l'arbre, en l'émondant, en en recueillant les fruits. Cette prescription ne donnerait droit qu'à la propriété seulement de la terre qui en entoure la racine, et absolument nécessaire à la végétation et non au-delà. La propriété de l'arbre ne serait pas acquise par une possession qui aurait été exercée précairement et par simple tolérance.

Les arbres accrus sur un chemin appartiennent à celui du côté duquel ils se trouvent, en divisant le chemin.

VENTE DE BESTIAUX, BOIS, FOURRAGES, etc. — A Champdeniers, le vendeur paie à l'acheteur un collier neuf ou une attache et le prix des fers, quand il s'agit d'un animal susceptible d'être ferré.

Il est aussi d'usage que celui qui achète des mules ou autres animaux, les laisse pendant huit ou quinze jours chez le vendeur, aux risques et périls de ce dernier, jusqu'à la livraison ; de sorte que si l'animal vient à périr, la perte est supportée par le vendeur. Au reste, les usages relatifs au commerce des bestiaux ne s'appliquent qu'aux ventes faites par les cultivateurs aux marchands et non à celles qui ont lieu entre agriculteurs.

Dans les ventes de fagots au cent, le vendeur doit livrer le cent *fourni*, c'est-à-dire cent cinq.

Pour les ventes des pailles et des fourrages qui se traitent toujours au poids et celle de l'avoine qui se traite le plus souvent à tant des cent kilogr., le vendeur est obligé de donner sans augmentation du prix convenu, cinq pour cent au-dessus du poids fixé. Néanmoins, on doit rechercher moins l'existence de cette habitude que la volonté présumée des parties, en cas de difficulté. L'usage précité existe pour les fagots dans le canton de Mazières, mais non pour le blé. Pour le trèfle, les particuliers donnent quatre livres pour vingt (5 p. 100).

VISITE DE SORTIE. — Le propriétaire a toujours le droit d'exiger que l'état des lieux soit, au moment de la sortie ou après cette sortie, constaté par des experts. Cette constatation que l'on nomme *visite*, est le plus souvent faite à frais communs, si les experts ne remarquent aucun dégât; s'il existe des détériorations les frais d'expertise sont ordinairement payés par le sortant.

ROULAGE

La loi du 31 mai 1851 et le décret du 10 août 1852, ne s'appliquent qu'aux routes nationales et départementales et aux chemins de grande communication. Leurs dispositions ne concernent que les voitures de roulage et de messageries. Les autorités locales prennent les arrêtés spéciaux en vertu de leurs pouvoirs pour la police du roulage sur les chemins vicinaux, places et rues des villes; les contraventions qui s'y relatent sont punissables des peines de simple police de l'art. 471, n° 15, du Code pénal.

ÉNUMÉRATION DES CONTRAVENTIONS

§ 1er.

1° **Abandon de Voitures** (simple police) 6 à 10 fr. 1 à 3 jours (art. 2, § 2. n° 5, de la loi du 3 mai 1851 et art. 14 du décret du 10 août 1852).

2° **Conducteur de Voitures** ne servant pas au transport des personnes, ne se rangeant pas à droite ou stationnant sans nécessité sur la voie publique (simple police), 6 à 10 fr., 1 à 3 jours (loi art. 2 § 2, n° 5, art. 5; décret art. 9 et 10).

3° **Convoi** de plus de 4 voitures à 4 roues, attelées d'un cheval (simple police), 6 à 10 fr.. 1 à 3 jours (loi art. 2, § 2, n° 4 et art. 5; décret art. 13 et 14).

4° **Convoi** de plus de 3 voitures à 2 roues, à 1 cheval (simple police), 6 à 10 fr. 1 à 3 jours (loi art. 2, § 2, n° 4 et art. 5 ; décret art. 13 et 14).

5° **Convoi** de plus de 2 voitures, dont une à plus d'un cheval (simple police), 6 à 10 fr. 1 à 3 jours (loi art. 2, § 2, n° 4 et art. 5 ; décret art. 13).

6° **Distance** entre les convois moindre de 50 mètres (simple police), 6 à 10 fr., 1 à 3 jours (loi art. 2, § 2, n° 4 et art. 5 ; décret art. 13).

7° **Défaut d'éclairage** de toutes voitures ne servant pas au transport des personnes (simple police), 6 à 10 fr., 1 à 3 jours (loi art. 2, § 2, n° 5 et art. 5 ; décret art. 15). L'éclairage des voitures des particuliers est réglé par des arrêtés des préfets (décret du 24 fév. 1858).

8° **Défaut de plaque** ou plaque illisible (simple police), 6 à 15 fr. (loi art. 3, 7, 20 et 21 ; décret art. 16). La plaque doit être en métal, les caractères lisibles et apparents d'au moins 5 millimètres de hauteur. Les voitures particulières servant au transport des personnes et celles servant à l'exploitation des fermes en sont seules dispensées.

9° **Roulier** ne prenant pas sa droite et ne cédant pas la moitié de la chaussée (simple police), 6 à 10 fr. (loi art. 2, § 2, n° 5; décret art. 10).

10° **Roulier** ne se trouvant pas à portée de ses chevaux ou défaut de guides (simple police), 6 à 10 fr. (loi art. 2, § 2, n° 5 et art. 5 ; décret art. 14).

11° **Roulier** conduisant plus de 4 voitures à 4 roues et à 1 cheval (simple police), 6 à 10 fr. (loi art. 2, § 2, n° 4 et art. 5; décret art. 13).

12° **Roulier** conduisant plus de 3 voitures à 2 roues et à 1 cheval (simple police). 6 à 10 fr. (loi art. 2, § 2, n° 4 et art. 5; décret art. 13).

13° **Roulier** conduisant plus de 2 voitures dont une à plusieurs chevaux (simple police), 6 à 10 fr. (loi art. 2, § 2, n° 4 et art. 5; décret art. 13).

TABLEAU DES CONTRAVENTIONS

DE SIMPLE POLICE

CONTRAVENTIONS RÉPRIMÉES PAR LE CODE PÉNAL

§ 2.

Abandon (instruments aratoires, armes, etc.) (art. 471, n° 7, C. p.)

Affiches. — Enlèvement, lacération (art. 479, n° 9).

Animaux tués ou blessés volontairement par armes, jets de corps durs, par vétusté d'édifices, par encombrement ou excavations des rues (art. 479, nos 2, 3, 4).

Armes (V. Abandon).

Artifices. — Prohibition d'en tirer en certains lieux (art. 471, n° 2).

Balayage (V. Rues).

Injures simples (art. 471, nº 11).

Jet de choses pouvant nuire par leur chûte ou leur exhalaison (art. 475, nº 6).

Jet d'immondices sur quelqu'un (art. 475, nº 8).

Jet volontaire de corps durs ou d'immondices (art. 475, nº 8).

Jeu de hasard dans un lieu public (art. 475, nº 5).

Monnaies. — Refus de recevoir des monnaies nationales (art. 475, nº 11).

Pacages sur terrain d'autrui ; bestiaux non conduits à vue (479, nº 10).

Passage d'hommes sur le terrain d'autrui préparé ou ensemencé (art. 471, nº 13).

Passage de bestiaux ou autres animaux avant l'enlèvement de la récolte (art. 471, nº 14).

Passage d'homme sur le terrain chargé de récoltes (art. 475, nº 9).

Passage avec bestiaux ou animaux (art. 475, nº 10).

Poids et mesures (art. 479, nº 6).

Registres d'hôtelliers (défaut de tenue ou de présentations des) (art. 475, nº 2).

Réglements administratifs ou municipaux (inobservation des) (art, 471, nº 15).

Revendeurs. — Défaut de registres.

Routes. — Obligations des conducteurs de charrettes et voitures ; se tenir à portée de ses chevaux ; être en état de les guider, se déranger à l'approche de toute voiture et leur laisser la moitié de la route (art. 475, nº 3).

Rues. — Défaut de balayage (art. 471, nº 4).

Secours (V. Service public).

Service public. — Refus, en cas de sinistre, de pillage, de flagrant d'élit, d'arrestation judiciaire, de prêter secours (art. 475, nº 12).

Voie publique (embarras de la) (art. 471, nº 4).

Voirie (inobservation des réglements de petite). — Refus d'obéir aux arrêtés municipaux, de détruire des édifices en ruine, etc. (art. 471, nº 5).

(La petite voirie embrasse toutes les voies de communication d'un intérêt local, tels que chemins vicinaux, cours d'eau ni navigables ni flottables, rues des villes et leurs places, bourgs et villages).

Voitures (mauvais direction de) (art. 475, nº 3).

Vol de récoltes et autres productions utiles de la terre non détachées du sol (art. 475, nº 15).

CONTRAVENTIONS PUNIES PAR DES LOIS SPÉCIALES

§ 3.

Animaux morts. — Défaut d'enfouissage (loi du 23 thermidor an IV, art. 2).

Animaux. — Mauvais traitement (loi du 2 juillet 1850).

Bacs, Bateaux, Ponts. — Perception illégale des droits (loi du 6 frimaire an VII. art. 52, 56, 58).

Inobservation des réglements sur la police des bacs, bateaux et ponts, par les adjudicataires, mariniers et autres (loi du 6 frimaire an VII, art. 51).

Bestiaux. — Dégâts qu'ils causent par suite d'abandon (loi du 6 octobre 1791, art. 12). — Les volailles à l'abandon causant des dégâts, pouvant être tuées sur place (loi du 6 octobre 1791, art. 12).

Bois et Forêts des particuliers. — (V. Code forestier, art. 57, 70, 72, 73, 75, 78, 79, 80, 85, 120, 144, 147, 192, 194, 196, 197, 199, 201).

Chèvres envoyées à la vaine pâture en contravention (loi du 6 octobre 1791, art. 8).

Desséchements (conservation des travaux de) (loi du 16 sept. 1807, art. 33).

Fêtes et Dimanches (inobservation) (loi du 18 novembre 1814).

Feux allumés dans les champs (l. du 6 oct. 1791, art. 10).

Fumiers enlevés sans permission (loi du 6 octobre 1791, art. 33).

Glanage dans un enclos (loi du 6 oct. 1791, art. 21).

Ivresse publique. — Manifestation de l'ivresse sur la voie publique ou dans les lieux publics (loi du 23 janvier 1873, art. 1er, § 1er, 1 à 5 fr.).

Défaut d'affichage du texte de la loi dans les établissements publics (loi du 23 janvier 1873, art. 12, § 3, 1 à 5 fr.).

Débitants donnant à boire à des gens ivres ou les recevant dans leurs établissements (loi du 23 janvier 1873, art. 4, § 1er, 1 à 5 fr.).

Débitants servant des liqueurs alcooliques à des mineurs âgés de moins de 16 ans (loi du 23 janvier 1873, art. 4, § 1er, 1 à 5 fr.).

Destruction ou lacération du texte de loi affiché (loi du 23 janvier 1873, art. 12, § 2, 1 à 5 fr.).

Circonstances atténuantes toujours admissibles pour la première fois en cas de récidive (V. même loi et l'art. 474 du Code pénal).

Patrons et Ouvriers. — Exécutions des lois et règlements relatifs aux contraventions en matière de bobinage et de tissage (loi du 17 mars 1850, art. 8).

Inexécution des lois et règlements concernant les livrets et les registres des patrons et ouvriers (loi du 22 juin 1854, art. 11).

Travail des enfants dans les manufactures. — Inobservation des règlements (loi du 22 mars 1841, art. 12).

Voirie (grande) (loi du 23 août 1743, 29 floréal an X).

NOTES DIVERSES

Le Juge de paix est incompétent pour statuer sur une demande en paiement de frais d'huissier, quelque minime que soit la somme à laquelle s'élèvent ces frais et alors même qu'ils auraient été faits devant sa juridiction.

En principe, les demandes en paiement de frais et honoraires dus à un officier ministériel doivent être portées au tribunal civil. Ainsi décidé le 9 décembre 1865, par le tribunal de la Seine; le 14 juin 1854, par le tribunal de Bordeaux,qui a déclaré qu'il n'y avait pas à distinguer entre les frais dus aux greffiers de justice depaix et ceux dus aux huissiers. Ainsi décidé par un grand nombre d'auteurs qui ont adopté et enseigné cette jurisprudence : Sirey-Gilbert, Thomine Demazures, Rodière, Coin-Delisle, etc.

—

En droit, un dépôt de fumier dont l'emplacement ne porte aucun signe d'ouvrage apparent, ne comportant pas le caractère de continuité ou permanence nécessaire pour prescrire, ne peut, en l'absence de titre, être susceptible d'une possession utile et ne peut par conséquent faire l'objet d'une action possessoire.

—

L'individu trouvé en état d'ivresse manifeste sur le pas de sa porte, peut être condamné à l'amende édictée par l'art. 1er de la loi du 23 janvier 1873. Attendu qu'un lieu peut n'être pas public et cependant être considéré comme tel ; et qu'un homme manifestement ivre, bien que dans son domicile privé, doit être réputé se trouver dans la rue, si, placé sur le seuil de sa porte, il peut être aperçu du dehors. En effet, la loi a pour but de sauvegarder la morale publique et de garantir nos yeux du spectacle dégradant que présente l'ivresse.

—

Celui qui n'est ni propriétaire, ni détenteur, ni fermier du terrain où des poules se sont introduites, ne peut user du droit concédé par la loi des 28 sept., 6 oct. 1791, de tuer les dites volailles au moment même où elles causent du dégât (art. 12 et 21 de la loi).

—

En principe, un procès-verbal constatant une contravention de police, peut servir de base aux poursuites du ministère public, bien qu'il n'ait pas été enregistré (Cas. 15 oct. 1852, 20 avril 1865 et 18 nov. 1865).

—

Un sacristain n'a pas qualité pour intenter une action en paiement de frais funéraires.

Aucune action ne peut être intentée par une fabrique, sans l'autorisation préalable du Conseil de préfecture, attendu que pour actionner en justice, il faut avoir qualité, c'est-à-dire agir comme maître du droit ou comme représentant du droit, d'où la règle : « Point de qualité, point d'action. »

—

Une promesse de payer, supposant l'existence d'une dette, n'est point nulle, par cela seul que la cause de cette dette n'y est pas exprimée. La Cour de cassation par un arrêt du 16 août 1848, a décidé que c'était au souscripteur de l'écrit qui prétend que son obligation est sans cause à en fournir la preuve. *Quid juris* quand le terme n'est pas fixé?... La loi ne prononce pas la nullité d'une obligation où le terme n'est pas fixé. Le signataire, s'il reconnaît sa dette, doit compléter son acte imparfait; s'il ne peut se mettre d'accord avec son créancier, c'est au juge qu'il appartiendra de combler la lacune par application des art. 1126, 1157, 1161, et par analogie avec l'art. 1901 du Code civil. La Cour de Paris, par un arrêt du 14 décembre 1871, décide que dans le cas où un individu s'est engagé à se libérer le plus tôt qu'il le pourra, il appartient au juge de fixer selon les circonstances, l'époque de l'exigibilité de la dette.

—

On doit considérer comme en état de divagation et comme animal malfaisant, le chien qui, laissé errant sur un marché, pendant que son maître est dans une auberge, entre dans une maison et y étrangle un lapin domestique. Le maître ne peut échapper à la responsabilité qui lui incombe pour un tel fait que la prudence ordinaire lui aurait permis d'éviter, ni pour l'excuse de force majeure ni pour toute autre.

Ainsi jugé le 20 novembre 1868, suivant arrêt de la cour de cassation.

Celui qui tue un chien appartenant à autrui sans y être suffisamment autorisé par les circonstances, doit au propriétaire de ce chien des dommages-intérêts proportionnés au préjudice causé. Spécialement, le fait d'avoir cru qu'un chien était enragé, n'autorise personne à tuer ce chien si aucun indice révélateur ne vient faire présumer que l'animal fût enragé et si la personne n'y a pas été forcée pour sa propre défense.

—

Le pari est un contrat du nombre de ceux qu'on nomme *aléatoires*. Aucune action ne peut être intentée en justice pour le paiement des dettes provenant des sommes gagnées dans un pari (C. civil, art. 1965, Cas. 29 déc. 1814. Limoges 2 juin 1819). Bien que le Code n'accorde aucune action en justice pour une dette de jeu ou pour le paiement d'un pari, si ce n'est pour jeux privilégiés (courses à pied ou à cheval, courses de chariot, jeu de paume, natation, combat de rameurs, tir au pistolet et tous ceux qui tiennent à l'adresse, et à l'exercice du corps), il déclare que le perdant s'il s'exécute de lui-même, ne saurait être admis à répèter ce qu'il a volontairement payé, à moins qu'il n'y ait eu de la part du gagnant dol, supercherie ou escroquerie.

—

Le propriétaire n'est pas responsable si un de ses lapins attiré par son instinct dans une propriété quelconque, ne suit que les habitudes du gibier, celle de ne se fixer nulle part et de ne parcourir que la surface du sol (jug[t]. du tribunal d'Arras, 24 mars 1836). Mais si un propriétaire qui a des clapiers dans ses bois, les y entretient, les y conserve, et ne fait rien pour détruire les animaux nuisibles, il est responsable des dégâts causés, alors même que ces dommages résultent indirectement de son fait (Ch. des requêtes, 7 nov. 1849, 6 août 1851).

—

Un communiste ne peut exercer l'action possessoire contre son co-communiste qu'autant qu'il justifie d'une possession annale exclusive de la chose commune ou d'un trouble apporté à sa jouissance comme communiste (arrêt de la Cour de Béziers, en date du 26 mai 1866).

—

Lorsqu'une personne en actionne une autre pour obtenir la liquidation d'une communauté de fait, si cette association n'est pas prouvée, elle a toujours le droit de réclamer des gages (arrêt de la Cour de cassation du 17 mai 1870).

—

La chasse aux lapins au furet est permise en tout temps, aux termes d'un arrêté préfectoral du 8 février 1862 (2-Sèvres). Mais le propriétaire peut poursuivre directement, si bon lui semble, et pour son propre compte, les individus ayant chassé sur lui sans autorisation.

—

La plupart des auteurs décident qu'en aucun cas le défaut d'avertissement préalable en conciliation, n'entraine la nullité de la citation ou la non-recevabilité de la demande. Selon eux, l'inobservation de la règle qui prescrit l'avertissement n'a d'autre sanction que la disposition qui met à la charge de l'huissier contrevenant les frais de l'exploit sans répétition contre les parties (Bourbeau, Justice de Paix, n° 445 ; Bioche, Diction. de Proc. civile. Voy. Avertissement n° 16).

Le juge de paix d'Offranville et le tribunal de

Dieppe ont décidé la question dans un sens opposé le 7 juillet 1871 :

« Attendu qu'aux termes 17 de la loi de 1838, « toute action portée devant le juge de paix, « doit être précédée du préliminaire amiable « de conciliation ; qu'il en peut être autrement « lorsque le défendeur est domicilié hors du « canton ; attendu que le sieur M.... sans aver- « tissement préalable a fait délivrer une assi- « gnation.

« Attendu que sans examiner si la demande « est ou n'est pas fondée, il n'en est pas moins « constant qu'il peut occasionner à la défende- « resse des frais que cette dernière eût pu évi- « ter, si elle avait été appelée en conciliation. « par ces motifs, déclare le sieur M.... non « recevable quant à présent. »

APPEL DU SIEUR M... DEVANT LE TRIBUNAL CIVIL DE DIEPPE.

Le tribunal : « Attendu que la loi du 2 mai « 1855, dans la partie où elle modifie l'art. 17 « de la loi du 25 mai 1838, n'a eu pour but que « de diminuer les procès et d'introduire devant « le juge de paix le préliminaire de conciliation « admis par l'art. 48 du Code de procédure

« civile pour les tribunaux civils ; qu'interpré-
« ter autrement le nouvel art. de la loi de 1838,
« ce serait refuser une sanction à la loi de
« 1855 et que le droit dont on a voulu armer
« le juge de paix peut être impunément mé-
« connu ; qu'il faut donc induire des termes
« impératifs de ce nouvel art. 17, que son in-
« observation entraîne la nullité de l'exploit,

« Confirme. »

Ces deux dernières décisions paraissent être aujourd'hui assez généralement adoptées comme étant plus conformes à l'esprit de la loi qui régit les justices de paix.

—

L'acquéreur d'un immeuble qui s'est obligé par son contrat à supporter les charges existantes, ne peut s'opposer à l'exercice d'une servitude de passage qui s'annonçait au moment de la vente par des ouvrages extérieurs, alors surtout que cette servitude se trouve reconnue par une transaction (arrêt de la Cour de cassation du 17 mars 1824).

—

Les règles sur le droit de passage considéré comme servitude discontinue, ne s'appliquent pas aux sentiers ou chemins d'exploitation qui sont réputés avoir été établis par convention entre les propriétaires riverains auxquels le passage est utile et qui n'est exercé qu'à ce titre (arrêt de la cour de Poitiers, 2e chambre, du 15 mai 1856.

—

Il a été jugé qu'un garde-champêtre peut constater, dans son propre intérêt ou dans celui de sa famille, un délit commis dans la circonscription de sa compétence territoriale, soit à son préjudice, soit au préjudice de l'un de ses parents (Dissertation de M. Loiseau D. P. 46, 3, 57. — Dalloz, Procès-verbal, t. II, p. 394, — Cass. 16 ventôse, an XIII).

—

Il existe une décision du ministre des finances (journal de l'Enregistrement et du timbre, n° 6353, ou Dictionnaire au mot : timbre, n° 645), prononçant qu'il n'est pas nécessaire que le papier destiné aux procès-verbaux à timbrer au débet soit visé avant la rédaction. Pour les procès-verbaux de simple police, le défaut d'enregistrement ne peut empêcher les juges de statuer parce qu'il s'agit d'un acte intéressant l'ordre public (Cass. 23 fév. 1827) ; il suffit que par un avant-faire-droit, on ordonne cet enregistrement, ou, qu'au moins, en jugeant définitivement, le juge ordonne que l'enregistrement soit fait en même temps que celui du jugement qui en est la conséquence (Cass. 18 fév. 1820).

—

Les greffiers ont, comme l'administration de l'Enregistrement et comme les notaires, des recours *in solidum*, c'est-à-dire pour la totalité de ce qui leur est dû contre chacune des parties aux jugements, à raison desquels ils ont fait l'avance des droits d'enregistrement et de timbre.

Le 7 juin 1848, la Cour suprême s'exprimait ainsi :

« Attendu que l'art. 37 de la loi du 22 frim. « an VII, assujettit au paiement du droit des « actes et jugements, les parties sans distinc- « tion, ce qui repousse la différence qu'on pré- « tend établir entre le demandeur et le défen- « deur quand il s'agit de l'enregistrement d'un « jugement. »

Un nouvel arrêt du 19 déc. 1855, porte :

« Attendu, en droit, qu'il résulte du texte et « de l'esprit des art. 20, 30, 32, 37 de la loi du

« l'Enregistrement peut s'adresser à toute par-
« tie qui figure à un titre quelconque, dans un
« contrat ou dans un jugement et réclamer à
« cette partie le paiement des droits d'enregis-
« trement résultant soit du contrat, soit du ju-
« gement ;

« Attendu que l'art. 31 qui détermine les rap-
« ports des parties entr'elles, ne fait point obs-
« tacle à l'exercice des droits de l'administra-
« tion de l'Enregistrement. »

Sur la solidarité :

« Attendu, dit un jugement du tribunal de
« Grenoble du 10 avril 1862, que de la combi-
« naison des art. 30 et 37 de la loi du 22 frimaire
« an VII, il y a lieu d'inférer que l'administra-
« tion de l'Enregistrement, pour le recouvre-
« ment des droits dûs sur les actes et juge-
« ments, a une action solidaire contre toutes les
« parties. »

M. Vigneaux répond à cela « que l'adminis-
« tration ou le greffier n'ont point contre les
« parties en cause une véritable créance soli-
« daire, mais simplement suivant le style de
« l'école, une créance *in-solidum*. L'art. 1202
« du Code civil ne nous permet pas de créer la
« solidarité légale en dehors d'un texte formel,

« 22 frimaire, an VII, que l'administration de
« or, si la loi de frimaire prononce cette solida-
« rité contre les co-héritiers, dans son art. 32,
« elle ne le prononce pas dans notre espèce. »

Quelles que soient les différences entre la véritable obligation solidaire et celle *in-solidum*, le résultat pratique est ici le même, le recours contre chacune des parties en cause pour le recouvrement de la totalité des avances reste inattaquable.

L'Administration peut poursuivre indistinctement le demandeur et le défendeur : Bône 22 nov. 1864 ; Seine 4 août 1866 ; 23 nov. 1867 ; 29 fév. 1868 ; Yvetot 10 mars 1865. — Même le défendeur qui a obtenu un débouté sur la demande : Seine 18 août 1866 ; Cassation 21 juin 1865. — Sans distinction entre les jugements contradictoires ou par défaut : Seine 19-26 février 1870 ; 3 août 1867 ; 3 août 1868. Ajoutons que le recouvrement des droits est poursuivi contre celle des parties qui a obtenu ses conclusions et à qui le jugement profite, lors même que ce ne serait pas en définitive cette partie qui devrait supporter les droits (Cass. 28 août 1808 et 10 mars 1822).

—

Un juge de paix ne peut rendre un jugement entre les parties qui comparaissent devant lui sur une citation tendant seulement à se concilier (loi 18-26 oct. 1790, titre 1er, art. 1er ; Cass. 21 mess., an v).

—

Dans la chasse aux chiens courants, le chasseur ne pouvant le plus souvent suivre ni le gibier ni même les chiens qui le poursuivent, s'il était permis au premier venu d'aller au devant des chiens pour tuer le gibier, le chasseur jouerait un rôle de dupe. Il y a donc lieu de dire, que le droit d'appropriation du chasseur sur le gibier commence au moment où ses chiens ont lancé le gibier.

A partir de ce moment, il en a une véritable possession au moyen de ses chiens ; et cela est si vrai que le gibier n'est plus en état de liberté naturelle, puisque s'il s'arrête, il sera immédiatement appréhendé par les chiens ; il y a ainsi, au profit du chasseur qui le poursuit, un droit de propriété en germe d'abord, mais qui se développe au fur et à mesure que le gibier est plus près de succomber, pour se compléter tout-à-fait à ce moment. C'est là un véritable droit de propriété conditionnel, il est vrai, jusqu'à ce que le gibier soit pris, mais qui n'a pas moins droit au respect de tous comme s'il était pur et simple ; par conséquent, celui qui y porte atteinte ne manque pas seulement aux convenances sociales, il empiète évidemment sur le droit d'un autre, et dans tous les cas, il se rend coupable d'un fait qui cause à autrui un dommage en lui enlevant le fruit de son labeur et de sa peine. Cette action que la délicatesse réprouve, rentre dans les faits dommageables pour lesquels l'art. 1382 du Code civil accorde une réparation. (Ainsi jugé par le juge de paix de Charly, le 7 février 1877 et par le tribunal de Château-Thierry, le 22 mars suivant).

FIN

TABLE DES MATIÈRES

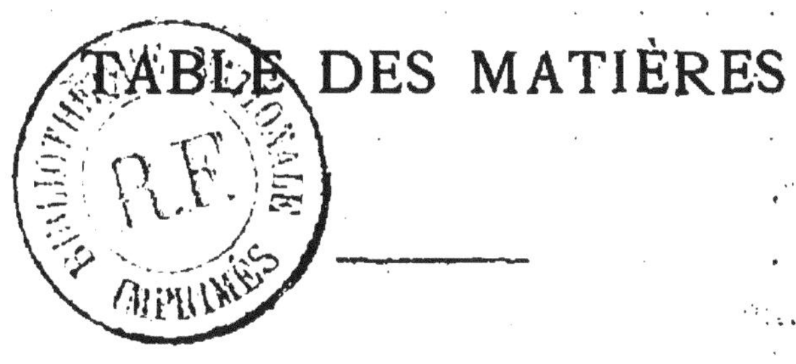

Parthenay. — Imp. P. Bourson.

www.ingramcontent.com/pod-product-compliance
Ingram Content Group UK Ltd.
Pitfield, Milton Keynes, MK11 3LW, UK
UKHW020324250726
13967UKWH00004B/1839

9 782011 912169